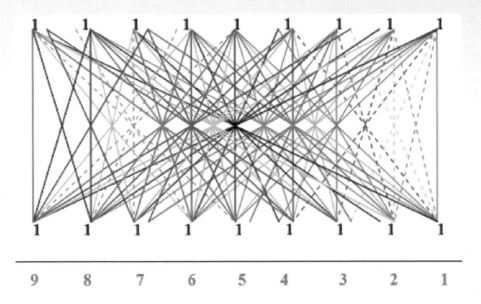

世界上第二种乘法

——蝴蝶乘法的原理与应用

黎黍匀◎著

北方联合出版传媒（集团）股份有限公司
万卷出版公司

黎黍匀，科普专家，自 1999 年开始一直研究第二种乘法的计算法则及应用，最终于 2016 年完成研究，使乘法可以省略计算过程而直接得到结果。出版专著多部，发表学术论文 50 多份，2016 年海外由美国 IISTE 出版社出版《世界上第二种乘法（The second kind of multiplication in the world）》。2004 年入选广西科普演讲团专家，2005 年入选南宁市科普专家团专家，2017 年当选广西亚健康科技研究会副秘书长，2018 年当选广西创造学会副会长。

简 介

乘法是人们生活中熟悉的一种计算数字的方式。一直以来，人们学习的乘法方式多为常见的竖式乘法（即传统乘法），而新的乘法尚未为人们所熟悉。本书介绍的新乘法计算过程有异于传统的竖式乘法，属于不同的计算方式，可以称为"第二种乘法"。

本书介绍了该种乘法的出现、计算法则、各位相乘的计算演绎和例子，尽量将第二种乘法系统而完善地介绍给各位读者。如果按照其计算的过程特征，也可以称为"横式乘法"（对应竖式乘法而得）；按照其计算法则的形态来称呼，可以称为"蝴蝶乘法"。为了方便理解，本书统一命名为"第二种乘法"。

第二种乘法具有以下的特点：

1. 使用横向列式计算，依照计算法则进行；
2. 简单计算过程可以省略步骤，节省空间和纸张；
3. 利于锻炼发散思维，促进智力发展。

本书阐述了第二种乘法（蝴蝶乘法）的运算原理和不同位数相乘的法则，每章节附录有练习题及复习题。

序言

近日，黎黍匀创客来访，送来了他多年构思、写作完成，并于 2016 年 10 月在美国国际科技与教育协会（IISTE）出版的创新之作《世界上第二种乘法》的打印书稿，要我为该书写一序。我了解了相关情况后，欣然答应写这篇序。

该书主要观点的发现和孕育要追溯到十多年前黎黍匀同学在广西大学选修创造学课程的时候。当时我在广西大学开设创造学全校性选修课"创造与创造力开发"，使用的教材是我独著的"普通高等教育'十五'国家级规划教材"《创造学原理和方法——广义创造学》。

我在介绍创造学这门选修课时，创作了《创造学选修课之歌》这样一首短诗鼓舞选修这门课的文、理、工、管、农各专业的大学生：

> 如果你在夜晚探路，它会化作北斗，指引你走向美好的未来；
> 如果你在清晨沉思，它会化作旭日，照耀你形成仁爱的胸怀。
> 如果你是一只大鹏，它会化作清风，助推你不断超越高空的云彩；
> 如果你是一只蜗牛，它会化作恒心，鼓舞你自信爬上创造的高台！

黎黍匀同学就是选我主讲的创造学选修课的一名学生。创造学指引他走向了美好的未来；形成了仁爱的胸怀；不断超越高空的云彩！他在创造学课堂上，大胆想象，勇于回答问题，培养了创造精神，训练了创造性思维，提高了创业能力。课程结束时，我要求每个学生写一篇有一定创意的文章作为该课程的期末考试成绩。黎黍匀同学上交了题为"发现新乘法"的文章。我认为这篇文章想象大胆、勇于发现，具有创新性，因而给了他成绩优秀的评价。这篇文章就是本书发现和孕育第二种乘法的源头，也就是本书第一章的主要内容。

由于黎黍匀同学创造学选修课成绩优秀，具有创造精神和组织才能，我主持的广西创造学会优选他负责筹备组建各校的大学生创造学会，他多次组织了开发大学生创造力的精彩活动，受到了广大会员和上级学会领导的好评。黎黍匀同学大学毕业后，没有走传统就业的旧路，而是选择走了一条自己创业的新路。他依托自己的专业基础，创办了公司，从事营养咨询和培训营养师的工作。在培训营养师的工作中，他刻苦研读并精选大量营养学资料，出版了《肠胃决定健康》一书（中国轻工业出版社，2009 年版）。他的创业活动还处于初创阶段，但他还节省资金，先后四次资助广西创造学会召开学术年会。

更可喜的是，他还在艰苦创业过程中，挤出时间从事科学方法创新，多年坚持写作，终于完成了他的创新之作《世界上第二种乘法》的书稿，并即将出版。

看完《世界上第二种乘法》的书稿，我与作者交流，可概括出该书的以下三个创新点：

1. 第二种乘法是采取横向列式方式开始计算的。传统乘法是以列竖式方式计算，然后把各个竖式相加得到结果。而第二种乘法不需要列竖式就可以计算出结果。

2. 第二种乘法是有计算法则指导的，按照这些法则符号，可以计算任何位数之间的相乘。传统的乘法是固定一个乘法方式，不断分解列式计算的。第二种乘法依据不同位数的法则符号，可以直接计算结果。

3. 创造了新的乘法计算方式。第二种乘法打破了只有一种乘法计算的固定模式，不但可以促进创造性思维的培养，也有利于锻炼心脑计算的能力，促进创造力开发。

看完《世界上第二种乘法》的书稿，我们还可以根据第二章的内容概括出读者阅读该书的以下四个好处：

第一，第二种乘法具有大自然的形态特征，可以让读者感受到大自然的壮观和数学的美。

第二，第二种乘法让计算过程得到简化。与传统的竖式乘法相比，第二种乘法简化了列举竖式的过程，相对简活，节约了计算的空间。

第三，第二种乘法可以让读者的大脑得到系统而有趣的锻炼，促进智力的开发。

第四，第二种乘法可以让读者拓展思维，开阔视野，提高想象力。

综上所述，《世界上第二种乘法》一书具有显著的创新性、系统性、实用性、可操作性，值得广大读者订购、研读和应用。

我很赞同我国自然辩证法领域的著名学者舒炜光教授的一句名言："科学方法是科学的灵魂。"当然科学方法也是科学发展的助推器。黎黍匀同志的新书《世界上第二种乘法》也发现和阐述了一种新的科学方法。随着更多人对这种新的科学方法的学习、应用和推广，这种新方法必将对科学发展发挥助推作用。

本书作者黎黍匀同志既是一位创业者，又是一位创新者。当前，由于我国各级政府部门、学会、高校、科研院所的大力提倡和赞助，在中国大地上掀起了大众创业、万众创新的伟大浪潮。在这波新浪潮中特别需要激励、尊重、造就、集聚千百万善于创业、勇于创新的拔尖人才。我衷心祝愿黎黍匀同志的新书《世界上第二种乘法》在未来的全球发行中获得社会效益和经济效益的双丰收。我衷心祝愿黎黍匀同志和他的同行们在这波新浪潮中不断创造出新的成果。

甘自恒

(广西大学教授、广西教学名师、广西创造学会会长、中国创造学会的主要发起人和学术带头人之一、世界华人文艺家协会名誉会长)

二〇一六年九月三十日

目录

第一章 发现新乘法

发现第二种乘法是一个很美妙的过程。在 1999 年的时候，我一直想找到另外一种乘法，同时我相信自然的各种形态会给予我灵感。当时的我经常在树林里转来转去，看各类昆虫鸟兽的形态。

我在树林里观察各种树木的树枝延伸的方向，又看叶子的生长纹路；在花圃里欣赏各种美丽的花朵，看花朵上面的蝴蝶飞来飞去；有时看阳光从树叶中穿过，斑斑点点地落在地上……感觉到周围的生物有无穷的奥妙，可能会指导我发现第二种乘法。

如此在树林花丛草地之间转悠了几个月，又在研究乘法的各类法则后，在一个晚上我预感到大自然的一切都是有联系的，乘法也可以从自然中找到。

一、树木和动物有联系吗？

在数学课中，绘图建立数轴我是很有兴趣的。感觉了横一线竖一线，然后一切的世界就从交点开始展开，感觉有无穷的奥妙隐藏在里面。

当我走在树林里面的时候，我看着不同的树木，感觉到那些树也是如此生长出去的（如下图），先直直长出主干，然后两边横出枝条，那真像是很多的数轴重叠在一起的"图形"。数学跟自然的生物也是相似的，融通的。

图 1-1 数轴与类似数轴生长的松树枝

从树林中走出，看到各类的昆虫在里面，有走的有飞的，然后自己再勾画着数轴，希望数轴跟这些动物也有一些联系。

我先从数轴的原点向左右画，得到图形1-2。

然后再按照相反方向画，得到图形1-3。

如此再对角画，得到图形1-4。

......

感觉真是美妙，似乎我正在参与着设计一个新的世界的形态一样。

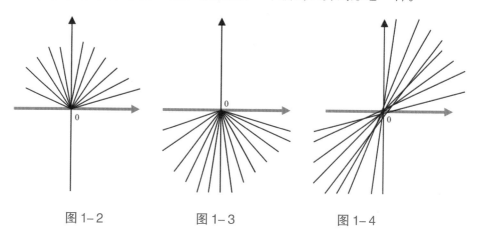

图1-2   图1-3   图1-4

我感觉到1-4的图形比较舒服，想把两边对整齐，于是得到了图1-5。我觉得像一只蝴蝶，于是把数轴倾斜描绘，得到了一个正面的"蝴蝶"图形（图1-6）。看到图1-6，我马上感觉到这就是一只美丽的蝴蝶的形态（图1-7）！

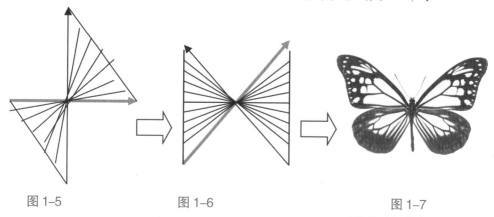

图1-5   图1-6   图1-7

（蝴蝶图摄影者：Datacraft）

通过数轴的形态变化，竟然可以把树木的枝叶形态和蝴蝶的形态连接起来了！原来动物和植物之间可以联系在一起的，真是太有趣了。

我想，乘法之间是否存在这样的形态呢？

二、乘法可以这样算吗?

我想起了小学学乘法的时候,乘法都是把数字上下列好,然后一步一步计算、相加,最后得出结果。

那么,如果把它们交叉起来计算,像数轴的形态、蝴蝶的翅膀一样计算呢?我为我大胆的想法感到惊讶,我也不知道到底会发生什么。于是我用最简单的两位数进行尝试。

当我计算 12×21 的时候,我列好了算式(图1-8),我交叉乘了一下,即 $1 \times 1 = 1$,$2 \times 2 = 4$,可是并没有发现什么,有些小失望。但是我想,这个"1"和"4"在竖式乘法(图1-9)中起什么作用呢?于是我对比起来了。

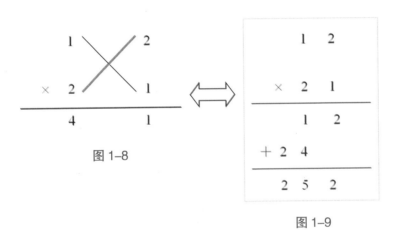

图1-8

图1-9

最终我发现,二者之间似乎并无多大关系。

如此反复演算和对比,还是没有多大的突破。就在一天晚上,我梦到了一个人在黑板上书写,也是在教学生学乘法,其间他双手演示,我忽然间明白了!然后我就醒过来了。原来是一个梦!

看看时间,竟然是深夜3点左右,但是由于明白了奥妙,兴奋得马上起身演算起来,原来我之前的研究少了两边的计算,因此导致无法进行下去,加上了两边的计算就得出结果了(图1-10)!然后我迅速明白了交叉相乘得到的"4"和"1",它们加起来就是"5",就是图1-9计算结果"252"中间的数字。

因此,两位数的计算方法就是"左右两边乘;中间交叉乘,相加得结果"。比如上例的计算方式就是左边乘得 $1 \times 2 = 2$,右边乘得 $2 \times 1 = 2$;中间就是 $1 \times 1 + 2 \times 2$,和相加为5,从右到左写下来结果就是"252"。

发现了这个方法，让我激动异常。立马演算其他数字。

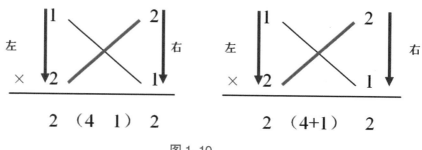

图1-10

三、我发现了第二种乘法

我意识到这是一种全新的乘法，跟以前竖式乘法是有区别的，而且过程可以省略不列举，这会很省计算的空间和纸张。

我又尝试计算 12×33。

第一步，先列式，如图 1-11（1）表示。

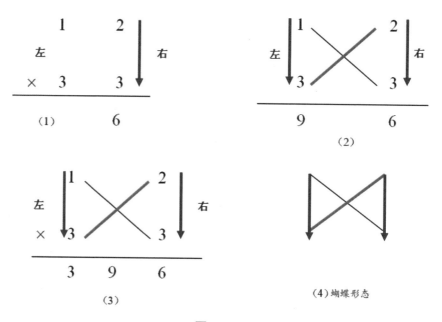

图1-11

第二步，左右相乘：1×3=3，2×3=6，如图 1-11（2）。

第三步，中间交叉相乘，积相加：1×3+2×3=3+6=9，如图 1-11（3）。

结果：得到计算结果 396。

我再把计算过程的法则符号合并，发现竟然就是一只蝴蝶的形态！发现之前观察的大自然动物的形态在这里出现了，真是让人惊喜。原来有了之前长期的观察和思考的积累，才会得到研究的结果。看到这里，你也许想一起来试试了，看题目：

最后，因为得到了甘自恒教授的《创造学原理和方法》的课程指导，我系统总结和完善了这一全新的乘法，并写成一份初级的总结论文，得到了甘教授的指导和完善。

论文里面，我总结了发现该乘法的思考过程（如图1-12）：

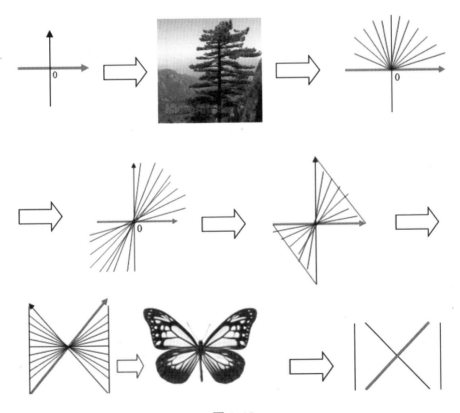

图 1-12

从虚的图形到实的动植物，从树木到蝴蝶，从蝴蝶到法则，我的思考过程都走了一遍，然后就发现了奇妙的新乘法，大自然真是我们人类的老师啊！

第二章 第二种乘法的原理

乘法是人们日常生活中经常使用到的计算方式，传统的乘法大家都非常熟悉了。现在我们介绍的是另外一种新的乘法，即第二种乘法。

先列举一个例子：

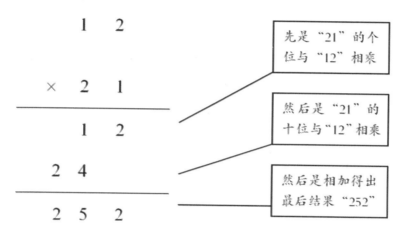

上面列举的例子就是传统的竖式乘法，即传统乘法。再看下一个例子：

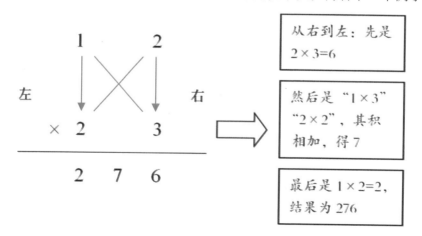

上面列举的例子就是第二种乘法的计算过程。对比传统的竖式乘法，我们发现第二种乘法省略了部分中间过程，相对简单一点。

现在我们就开始介绍新的乘法来源和原理吧。

一、乘法的符号

第二种乘法的主要法则是一个类似蝴蝶的图形，不管多复杂的乘法，都是从这个基本法则演变出来的。如下图：

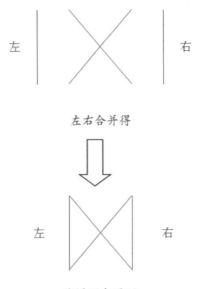

左右合并得

蝴蝶形态图形

由于第二种乘法的形态 类似一只美丽的蝴蝶，所以叫蝴蝶乘法也是很形象的。也很像大自然的树木的树杈，从中间分出四枝，然后从空中俯视下来看到的形态。

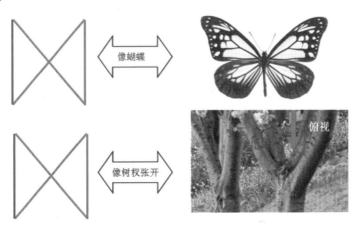

二、符号的含义

现在我们解释一下图形 ⋈ 的含义。

第二种乘法的法则图形 ⋈ 从右到左的含义是：

1. 当计算两位数以内的乘法时，从右到左开始。

2. 右边的竖线（红色线）表示个位数与个位数相乘，得到个位数的结果。

3. 中间的交叉符号 ×（绿色线）表示两数中的个位数和十位数交叉相乘，得到的积相加即为十位数结果。

4. 左边的竖线（蓝色线）表示两数的十位数与十位数相乘，结果为百位数的结果。

5. 每个步骤计算的结果大于10，则往前进一位（这点与传统乘法一样）。详细运用后面将会详细讲解到。

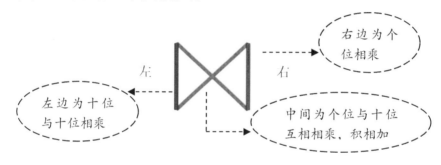

举例说明如下：计算 $12 \times 23 = ?$

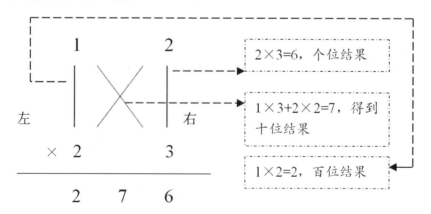

答：$12 \times 23 = 276$

总结：乘法从右到左，竖线是相乘，交叉是乘后再相加。

三、复杂的乘法

三位数以上的乘法属于复杂的乘法。而这些计算方法仍然是依照两位相乘的法则演变出来的。在后面的内容里，我们将详细讲解。

这里将各个乘法的规则符号列举如下：

例 1　两位数相乘（22）的符号和数字表示方法。

数字表示　　　　1　2　1（表示计算的次数）

例 2　三位数相乘（33）的符号和数字表示方法。

数字表示　　　1　2　3　2　1（表示计算的次数）

表 1　二至九位数字相乘的法则符号

相乘位数	规则符号
一位数（11）	
两位数（22）	
三位数（33）	
四位数（44）	
五位数（55）	
六位数（66）	
七位数（77）	
八位数（88）	
九位数（99）	

注：n 位数乘以 n 位数，简写为 **nn**，如三位数乘以三位数，简写为 **33**。

表2 一至九位数字相乘的法则符号转化为数字表示

相乘位数	简写表示	规则符号
一位数	11	1
两位数	22	1 2 1
三位数	33	1 2 3 2 1
四位数	44	1 2 3 4 3 2 1
五位数	55	1 2 3 4 5 4 3 2 1
六位数	66	1 2 3 4 5 6 5 4 3 2 1
七位数	77	1 2 3 4 5 6 7 6 5 4 3 2 1
八位数	88	1 2 3 4 5 6 7 8 7 6 5 4 3 2 1
九位数	99	1 2 3 4 5 6 7 8 9 8 7 6 5 4 3 2 1

例3 $123 \times 121 = ?$

解答 根据表1的法则，乘法原理是

因此列算式得（从右到左）

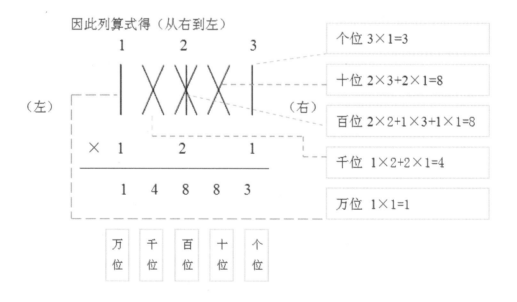

个位 $3 \times 1 = 3$

十位 $2 \times 3 + 2 \times 1 = 8$

百位 $2 \times 2 + 1 \times 3 + 1 \times 1 = 8$

千位 $1 \times 2 + 2 \times 1 = 4$

万位 $1 \times 1 = 1$

有了以上法则，我们就可以展开系列的乘法了。

四、第二种乘法的好处

第二种乘法的法则是依据自然的现象发现的。因此，它的法则有明显的自然对应关系，从最原始的法则看，其计算符号类似一只美丽的蝴蝶；而从扩散的特征看，有树枝一样的发散特点。

因此，其一，第二种乘法具有自然形态的特征。如：两位数的计算符号，既像美丽的蝴蝶，也像四面开枝的树桩；而复杂的位数计算符号，则像从中心扩散的太阳形态；而从二位数到九位数的计算法则按顺序列举，则像一座高山。第二种乘法可以让人感受到大自然的壮观和数学的美。这些特征使得第二种乘法可以依靠总结出来的法则符号进行计算。

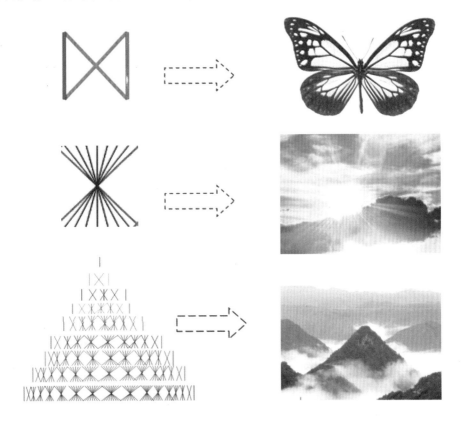

其二，第二种乘法让计算过程得到简化。对比传统的竖式乘法，第二种乘法简化了列举竖式过程，相对简洁，节约计算的空间，减少纸张的使用。

其三，第二种乘法可以让大脑得到系统而有趣的锻炼，促进智力的开发。从最简单的乘法开始到九位数的相乘，都可以让人感受到数学的乐趣。其中，有的过程需要进行熟练而精确的心算，完成列式的工作，因此，有利于锻炼心脑的熟练程度，促进智力的开发。

其四，第二种乘法也让人的思维得到拓展。通过传统乘法和第二种乘法的结合应用，让人感受到数学领域的众多乐趣，利于锻炼发散思维，扩展视野，丰富大脑想象力，对于提高思维有积极的促进作用。

总的来说，第二种乘法是一种很美妙的计算方式，不但适合在校学生，也适合成年人锻炼大脑，企业单位员工测试、娱乐活动等方面应用。

练习题（注：带 ★ 题目为初中代数题）

1. 请用两种乘法方式计算下列题目：

传统乘法：12×21=   第二种乘法：12×31=

```
        1    2                      1    2

   ×    2    1                 ×    3    1
   _____            _____
```

2*. 如果两位数相乘，它的计算法则是（假设它们单位相乘或积相加结果不超过 10）：

ab×cd=100ac+10(ad+cb)+bd

那么，21×13=100×（   ）+10×（   ）+（   ）？

3*. 观察以下乘法的计算方式，然后推测结论。

假设：

相乘位数是 2×2   计算法则是 121
相乘位数是 3×3   计算法则是 12321
相乘位数是 4×4   计算法则是 1234321
相乘位数是 5×5   计算法则是 123454321
……

那么，相乘位数是 9×9，则计算法则是什么？

相乘位数是 a×a，则计算法则是什么？（a 为整数）。

第三章　两位数相乘

乘法中比较简单的计算是两位数(2)和两位数(2)相乘,简称为两位数相乘(表示为 22,以下同)。本章介绍两位数相乘的原理和应用。

一、两位数相乘的原理

两位数相乘的原理是:

1. 左右相乘得结果。

2. 中间交叉相乘,然后所得的积相加,得到结果。

如下图表示:

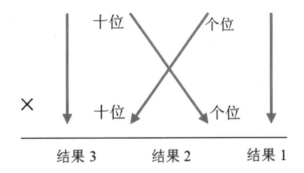

详细解释即:

1. 个位数:从右到左,个位结果等于个位乘个位,用有箭头竖线表示。

2. 十位数:十位结果等于个位乘十位,交叉相乘后积相加,用有箭头交叉线表示。

3. 百位数:百位结果等于十位乘十位,用有箭头竖线表示。

这个计算符号图如下（并示例）：

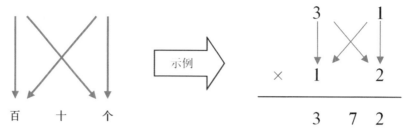

二、两位数乘法的应用

例1 两位数相乘（22）：31×12＝？

计算：分解过程给大家看——

（1）个位数：等于1×2＝2，红色箭头代表该步骤的乘法。

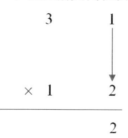

（2）十位数：等于交叉相乘，然后积相加：2×3+1×1＝7，用交叉红线表示两个计算步骤。

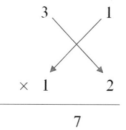

（3）百位数：等于3×1＝3；一个步骤，用一个红色箭头表示。

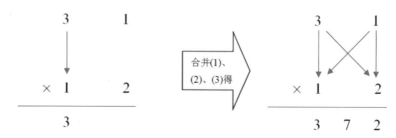

提示：计算的过程就是从右边开始，即从个位开始，逐步演算到最后一位（左边）得到结果。

看完上面的演绎，大家是否看出法则了？尤其是注意红色箭头的含义。由于红色箭头组合起来的法则图形，很象一只蝴蝶，所以该乘法也可以形象地称为蝴蝶乘法，至于三位数以上的乘法法则，也是从这个简单的"蝴蝶形态"扩展开来，所以第二种乘法本质上还是以"蝴蝶法则"为基础的。

那么，如果计算结果达到了"10"以上呢？那就要进一位。乘法的进律跟传统的竖式乘法一样，向前进一位即可。

例 2　计算 18×21=？

分解计算过程如下：

（1）从右开始：个位数 8×1=8。　　（2）十位交叉相乘：进 17 进 1。

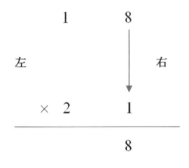
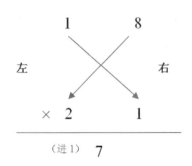

（3）百位数：1×2=2。　　（4）合并前三个步骤：得 378。

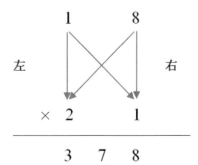

例 3 计算 18×81＝？

这是比较复杂的两位数乘法。

分解过程如下：

（1）从右边开始：

　　　8×1＝8（见红色箭头）。

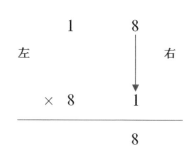

（2）交叉相乘，积相加：

交叉相乘：1×1 ＋ 8×8＝1+64＝65，这里结果大于 10，进位为"6"。

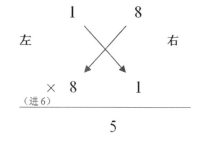

（3）最后一步：左边相乘

1×8＝8，由于之前有进位 6，因此相加得 8+6＝14，14 又大于 10，再进一位。

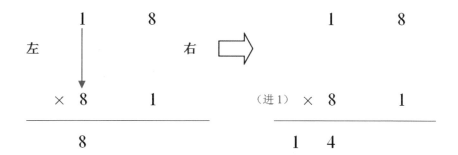

（4）合并前面三步，得结果：

结果：18×81＝1458。

从例 3 可以看出，第二种乘法的进位方法跟传统的乘法是一样的。

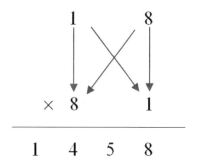

三、扩展与练习

在两位数乘以两位数的过程中，我们体会到了法则符号的含义：

1．乘法是从右边开始计算到左边的。

2．结果等于或大于 10，则向前进位，与传统乘法一致，但是，当数目增大的时候，就不大适合列举个位相乘、十位相乘、百位相乘……的计算过程，因此，我们把计算的过程按照其步骤的次数来表示即可。完成了各个步骤，结果就得出来了。

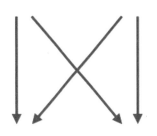

比如，两位数乘以两位数，法则符号为右图，这个法则符号就是表示不同的计算过程。

从右至左：经历以下计算过程

计算次数：1 步算式　　　2 步算式　　　1 步算式

简化表示：　　1　　　　　　2　　　　　　1

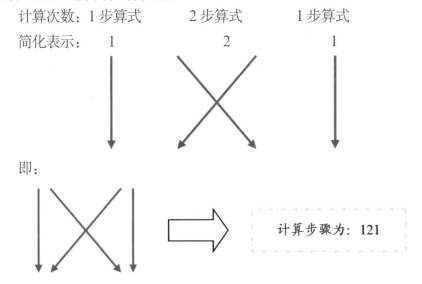

即：

计算步骤为：121

例如：13×15＝？

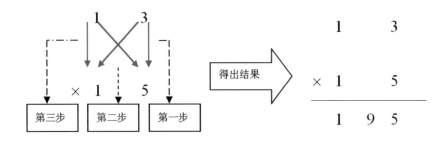

按照法则符号，从右到左计算得：

第一步：$3 \times 5 = 15$，进一位，写"5"

第二步：$1 \times 5 + 3 \times 1 = 8$，加进位"1"，写"9"

第三步：$1 \times 1 = 1$，写"1"

因此，第二种乘法的计算过程不一定要跟列式的个位十位对齐写结果，而是根据步骤来写结果，越是大的数目相乘，越是方便书写。

练习：

1. 根据两位数乘法的法则符号计算下列算式：

$13 \times 14 =$ $12 \times 31 =$ $81 \times 12 =$

2. 第二种乘法的计算结果是否像传统乘法一样，个位对个位、十位对十位……这样对齐地写出结果呢？如果不是，那么依据是什么？（示图）

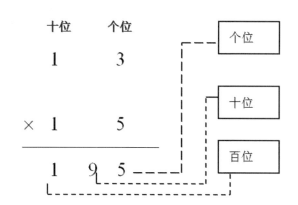

第四章　三位数相乘

如果你学会了两位数相乘（简写为22），那么继续三位数相乘（简写为33）。关于三位数相乘的计算法则符号图在第二章已经介绍过，下面直接列举。

一、三位数相乘的原理

三位数相乘，步骤是12321，计算的原理是：（从右边开始）

1．第一位：第一列数字上下相乘得结果。

2．第二位：第一、二列数字交叉相乘，然后所得的积相加，得到结果。

3．第三位：第一、二、三列数字交叉相乘，积相加，得到结果。

4．第四位：第二、三列数字交叉相乘，积相加，得到结果。

5．第五位：第三列数字上下相乘，积相加，得到结果。

如下图表示：

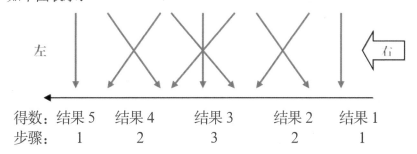

得数：结果5　结果4　　结果3　　结果2　结果1
步骤：　1　　　2　　　3　　　2　　　1

详细解释即：

1．**结果1：**个位结果等于个位相乘，计算过程是1个步骤，用1条箭头竖线表示。

2．**结果2：**十位结果等于个位与十位交叉相乘，它们的积相加，计算过程是2个步骤，用2条箭头交叉线表示。

3．**结果3：**百位结果等于所有的十位与十位、个位与百位交叉相乘，计算过程是 3 个步骤，用 3 条箭头交叉线表示。

4. 结果 4： 千位结果等于所有的十位与百位交叉相乘，结算过程是 2 个步骤，用 2 条箭头交叉线表示。

5. 结果 5： 万位结果等于百位与百位交叉相乘，计算过程是 1 个步骤，用 1 条箭头竖线表示。

遇到进位，与传统乘法一致，等于或大于 10 的结果，往前进位。

这个计算符号图如下（并示例）：

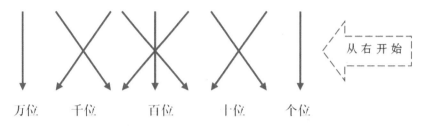

万位　　　千位　　　百位　　　十位　　　个位

示例：121×321=38841

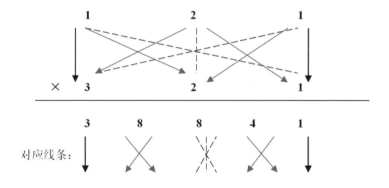

对应线条：

二、三位数乘法的应用

例 1 三位数相乘（33）：312×131=？
你能够不用演算过程一步得出结果吗？

分解过程如下：

第一位：个位数结果为第一列数相乘，见右图蓝色框表示。

个位数：两组数字的个位数互乘，结果得到 2

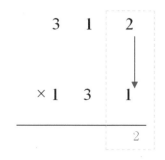

第二位：十位数结果为第一、二列数交叉相乘，见下图蓝色框表示。

十位数：两组数字的十位和个位交叉相乘，
积相加得到结果为 7

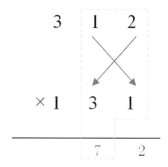

第三位：百位数结果为第一、二、三列数交叉相乘，见下图蓝色框表示。

百位数：两组数字的个位与百位、十位与十位交叉相乘，
积相加，结果为 8

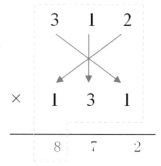

第四位：千位数结果为第二、三列数交叉相乘，见下图蓝色框表示。

千位数：两组数字的十位与百位交叉相乘，
积相加后 等于 10，向前进"1"

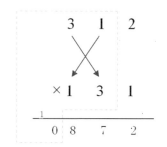

第五位：万位数结果为第三列数交叉相乘，见下图蓝色框表示。

万位数：两组数字的百位数交叉相乘，得到"3"，
加进位"1"，结果为 4

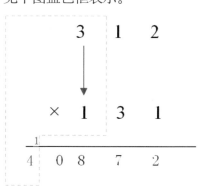

结果：通过以上演绎，该算式结果为40872。

例2　计算 $186 \times 131 =$ ？

这是稍微复杂的三位数相乘，分解过程如下：

（1）1×6

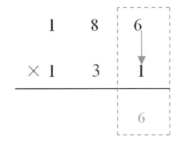

（2）$3 \times 6 + 8 \times 1$，进2

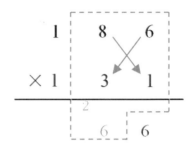

（3）$1 \times 1 + 3 \times 8 + 1 \times 6$，进3

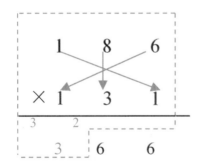

（4）$1 \times 3 + 1 \times 8$，进1

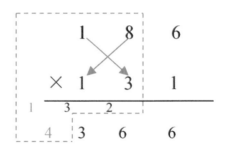

（5）1×1

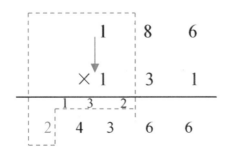

结果：通过以上演绎，该算式结果为24366。

练习

1. 请你通过三位数的蝴蝶乘法法则，计算以下算式，计算过程不得出现。

(1) $132 \times 121=$

$$\begin{array}{ccc} 1 & 3 & 2 \\ \times \quad 1 & 2 & 1 \\ \hline \end{array}$$

(2) $135 \times 133=$

$$\begin{array}{ccc} 1 & 3 & 5 \\ \times \quad 1 & 3 & 3 \\ \hline \end{array}$$

(3) $178 \times 131=$

$$\begin{array}{ccc} 1 & 7 & 8 \\ \times \quad 1 & 3 & 1 \\ \hline \end{array}$$

(4) $123 \times 321=$

$$\begin{array}{ccc} 1 & 2 & 3 \\ \times \quad 3 & 2 & 1 \\ \hline \end{array}$$

2. 填空题。括号是正在计算的步骤结果，请根据提示写出结果。

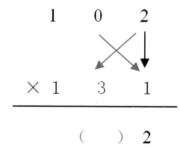

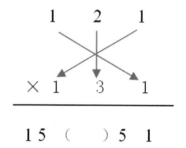

第五章 两、三位数相乘

前面我们学习了两位数相乘（22）、三位数相乘（33）的原理，那么两位数和三位数相乘（简记为23）又是怎样的呢？遇到这样的情况，我们取大数为准，即把两、三位数相乘（23）看成是三位数相乘（33）即可。

一、两、三位数相乘的原理

两、三位数相乘，首先是通过加 0 法，使两位数变成三位数，然后依据三位数的原理进行即可。如：

$21 \times 122 = 021 \times 122$

$132 \times 33 = 132 \times 033$

$101 \times 26 = 101 \times 026$

$99 \times 210 = 099 \times 210$

......

即把两位数通过在前面加"0"的方式，变为三位数，则二、三位数相乘跟三、三位数相乘则无差别了。

三位数的步骤是 12321，计算的原理是：（从右边开始）

1. **第一位**：第一列数字上下相乘得结果。

2. **第二位**：第一、二列数字交叉相乘，然后所得的积相加，得到结果。

3. **第三位**：第一、二、三列数字交叉相乘，积相加，得到结果。

4. **第四位**：第二、三列数字交叉相乘，积相加，得到结果。

5. **第五位**：第三列数字上下相乘，积相加，得到结果。

如下图表示:

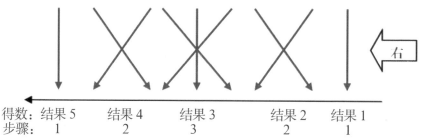

得数: 结果5　　结果4　　结果3　　　结果2　　结果1
步骤:　　1　　　　2　　　　3　　　　　2　　　　1

详细解释即:

1. **结果1:** 个位结果等于个位相乘,计算过程是1个步骤,用1条箭头竖线表示。

2. **结果2:** 十位结果等于个位与十位交叉相乘,它们的积相加,计算过程是2个步骤,用2条箭头交叉线表示。

3. **结果3:** 百位结果等于所有的十位与十位、个位与百位交叉相乘,计算过程是3个步骤,用3条箭头交叉线表示。

4. **结果4:** 千位结果等于所有的十位与百位交叉相乘,结算过程是2个步骤,用2条箭头交叉线表示。

5. **结果5:** 万位结果等于百位与百位交叉相乘,计算过程是1个步骤,用1条箭头竖线表示。

遇到进位,与传统乘法一致,等于或大于10的结果,往前进位。

这个计算符号图如下(并示例):

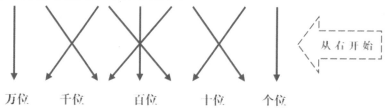

万位　　　千位　　　　百位　　　十位　　　个位

示例: $21 \times 321 = 021 \times 321 = 6741$

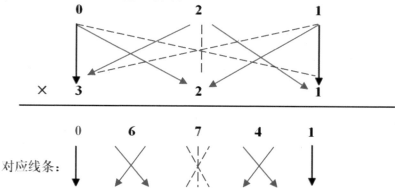

二、两、三位数乘法的应用

例1 两、三位数相乘（23）：312×31=？你能够不用演算过程一步得出结果吗？

首先把算式改为三三乘法：312×031，分解过程如下：

第一位： 个位数结果为第一列数相乘，见下图绿色框表示。

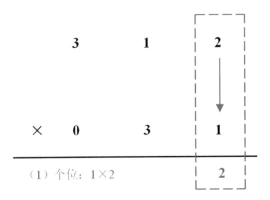

（1）个位：1×2

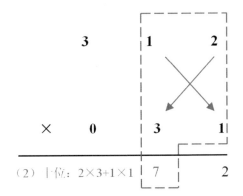

（2）十位：2×3+1×1

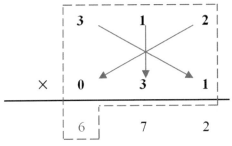

（3）百位：1×3+1×3+2×0=6

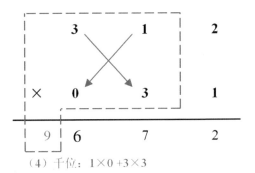

（4）千位：1×0+3×3

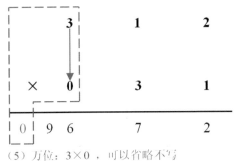

（5）万位：3×0，可以省略不写

因此，计算结果为9672。

例2　计算 $11 \times 111 = ?$

分解过程如下图：

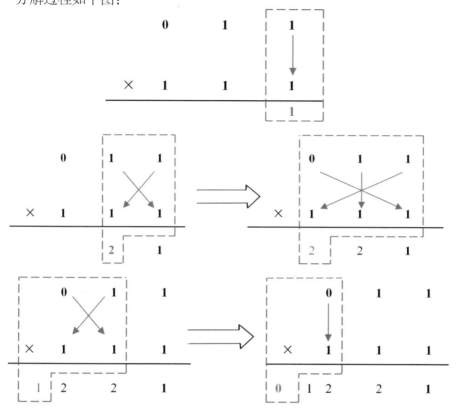

结果为：1221。

我们可以看出来，最后一步的结果"0"可以不写的，为了演示过程才附加上去的。

例3　计算 $102 \times 22 = ?$ 把算式加"0"得 102×022，依据三位数相乘法则得：

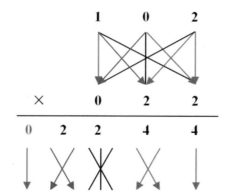

计算符号为：

因此，计算结果为2244。

练习

1. 填空题。把演算的步骤的结果写在括号内。

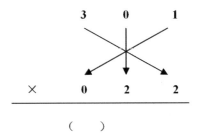

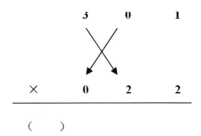

2. 计算题。列式计算下列乘法的积。

（1）24×111=

（2）24×101=

（3）101×42=

（4）121×40=

第六章　四位数相乘

如果你学会了三位数相乘（简写为33），那么继续四位数相乘（简写为44）。关于四位数的计算法则符号图在第二章已经介绍过，下面直接列举。

一、四位数相乘的原理

四位数相乘，步骤是1234321，计算的原理是：（从右至左开始）

1. **第一位：**第一列数字上下相乘得结果。
2. **第二位：**第一、二列数字交叉相乘，然后所得的积相加，得到结果。
3. **第三位：**第一、二、三列数字交叉相乘，积相加，得到结果。
4. **第四位：**第一、二、三、四列数字交叉相乘，积相加，得到结果。
5. **第五位：**第二、三、四列数字上下相乘，积相加，得到结果。
6. **第六位：**第三、四列数字上下相乘，积相加，得到结果。
7. **第七位：**第四列数字上下相乘，积相加，得到结果。

如下图表示：

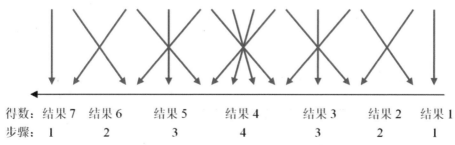

得数：结果7　结果6　结果5　结果4　结果3　结果2　结果1
步骤：　1　　　2　　　3　　　4　　　3　　　2　　　1

详细解释即：

1. **结果1：**个位结果等于个位相乘，计算过程是1个步骤，用1条箭头竖线表示。

2. **结果2：**十位结果等于个位与十位交叉相乘，它们的积相加，计算过程是2个步骤，用2条箭头交叉线表示。

3. 结果3： 百位结果等于所有的十位与十位、个位与百位交叉相乘，计算过程是3个步骤，用3条箭头交叉线表示。

4. 结果4： 千位结果等于所有的千位与个位、百位与十位交叉相乘，结算过程是4个步骤，用4条箭头交叉线表示。

5. 结果5： 万位结果等于所有的千位与十位、百位与百位交叉相乘，计算过程是3个步骤，用3条箭头交叉线表示。

6. 结果6： 十万位结果等于所有的千位与百位交叉相乘，计算过程是2个步骤，用2条箭头交叉线表示。

7. 结果7： 百万位结果等于千位与千位相乘，计算过程是1个步骤，用1条箭头交叉线表示。

遇到进位，与传统乘法一致，等于或大于10的结果，往前进位。

这个计算符号图如下（并示例）：

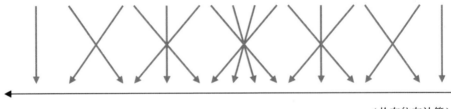

（从右往左计算）

| 百万位 | 十万位 | 万位 | 千位 | 百位 | 十位 | 个位 |

示例：1211×1321＝1599731

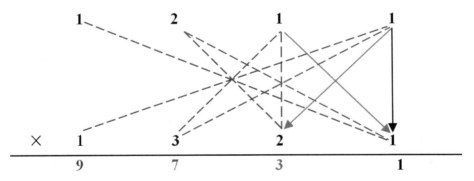

前四个步骤过程（从右到左，以下顺序同样）：

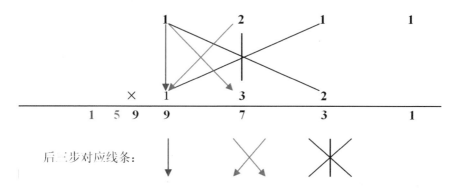

后三步对应线条：

二、四位数乘法的应用

例1　请计算 1213×1312＝？ 不需要列出竖式过程。

计算法则符号，过程分解如下：

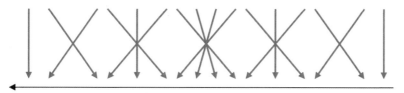

1. 计算第一位：第一列数字上下相乘得结果。

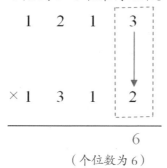

（个位数为 6）

2. 第二位：第一、二列数字交叉相乘，然后所得的积相加，得到结果。

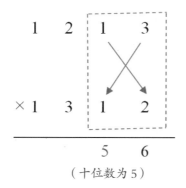

（十位数为 5）

3. 第三位：第一、二、三列数字交叉相乘，积相加，得到结果。

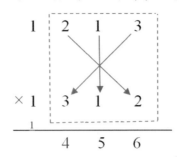

（结果大于10，进一位，则百位数为4）

4. 第四位：第一、二、三、四列数字交叉相乘，积相加，得到结果。

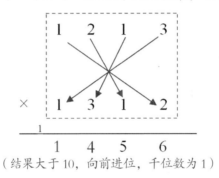

（结果大于10，向前进位，千位数为1）

5. 第五位：第二、三、四列数字上下相乘，积相加，得到结果。

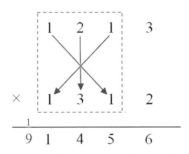

（万位数：计算积为8，加进位得9）

6. 第六位：第三、四列数字上下相乘，积相加，得到结果。

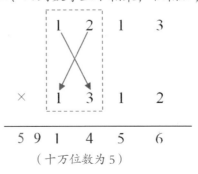

（十万位数为5）

7. 第七位：第四列数字上下相乘，得到结果。

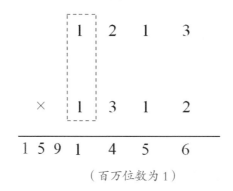

（百万位数为 1）

因此，1213 × 1312 的结果为 1591456。

例 2　计算 2315×1212= ?

分解过程得：

（1）前三步为

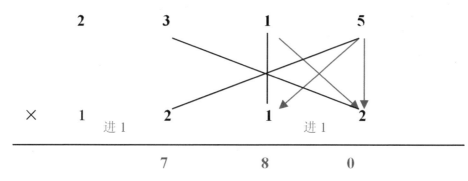

（2）第四步为：1×5+1×2+3×1+2×2=14，往前进一位

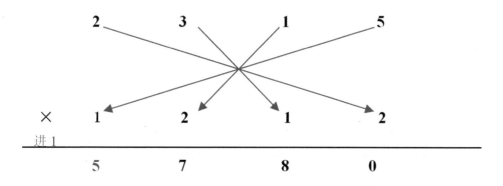

（3）后三步为：

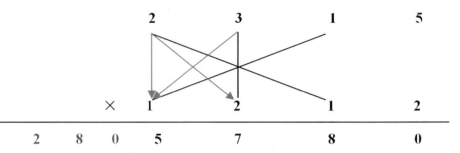

所以计算结果为 2805780。

例 3　计算 1112×1111=？

这是比较简单的题目，可以按照四位数（44）法则一步得出结果：

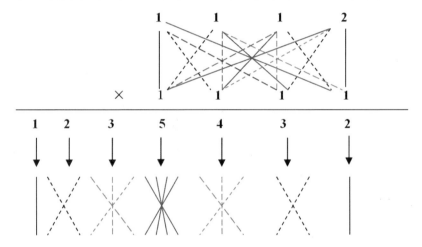

计算结果为 1235432。

练习

1. 填空题。按照提示的步骤计算所得结果，并写入括号内。

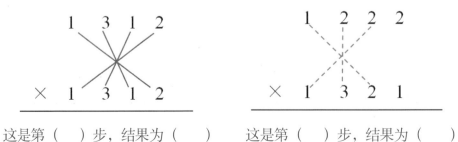

这是第（　　）步，结果为（　　　）　　　这是第（　　）步，结果为（　　　）

2. 按照以上法则计算下列题目：

(1) 1312 × 1312=

$$
\begin{array}{r}
1\ \ 3\ \ 1\ \ 2 \\
\times\ \ 1\ \ 3\ \ 1\ \ 2 \\
\hline
\end{array}
$$

(2) 1222 × 1321=

$$
\begin{array}{r}
1\ \ 2\ \ 2\ \ 2 \\
\times\ \ 1\ \ 3\ \ 2\ \ 1 \\
\hline
\end{array}
$$

(3) 1234 × 1312=

$$
\begin{array}{r}
1\ \ 2\ \ 3\ \ 4 \\
\times\ \ 1\ \ 3\ \ 1\ \ 2 \\
\hline
\end{array}
$$

(4) 4321 × 1234=

$$
\begin{array}{r}
4\ \ 3\ \ 2\ \ 1 \\
\times\ \ 1\ \ 2\ \ 3\ \ 4 \\
\hline
\end{array}
$$

(5) 1111 × 1111=

$$
\begin{array}{r}
1\ \ 1\ \ 1\ \ 1 \\
\times\ \ 1\ \ 1\ \ 1\ \ 1 \\
\hline
\end{array}
$$

(6) 1111 × 1211=

$$
\begin{array}{r}
1\ \ 1\ \ 1\ \ 1 \\
\times\ \ 1\ \ 2\ \ 1\ \ 1 \\
\hline
\end{array}
$$

拓展思考

三四位数相乘的原理

如何计算三位数与四位数的乘法（简写为34）呢？原理跟两位数与三位数的乘法（23）类似，也是在三位数前加"0"，使它变为四位数，然后就可以依照四位数相乘（44）的法则进行计算了。

即：计算 123×4567，加"0"即可得 0123×4567，然后依照四位数相乘（44）法则进行计算：

你可以自己尝试一下：计算 $123 \times 1201=$ ？

第七章 三、四位数相乘

前面我们学习了三位数相乘（33）、四位数相乘（44）的原理，那么三位数和四位数相乘（简记为34）又是怎样的呢？遇到这样的情况，我们取大数为准，即把三、四位数相乘（34）看成是四位数相乘（44）即可。

一、二三位数相乘的原理

三四位数相乘，首先是通过加 0 法，使三位数变成四位数，然后依据四位数的原理进行即可。如：

$921 \times 8122 = 0921 \times 8122$

$3132 \times 433 = 3132 \times 0433$

$9101 \times 726 = 9101 \times 0726$

$919 \times 7210 = 0919 \times 7210$

…………

即把三位数通过在前面加"0"的方式，变为四位数，则三四位数相乘跟四、四位数相乘则无差别了。

四位数的步骤是 1234321，计算的原理是：（从右边开始）

1. **第一位**：第一列数字上下相乘得结果。

2. **第二位**：第一、二列数字交叉相乘，然后所得的积相加，得到结果。

3. **第三位**：第一、二、三列数字交叉相乘，积相加，得到结果。

4. **第四位**：第一、二、三、四列数字交叉相乘，积相加，得到结果。

5. **第五位**：第二、三、四列数字上下相乘，积相加，得到结果。

6. **第六位**：第三、四列数字上下相乘，积相加，得到结果。

7. **第七位**：第四列数字上下相乘，得到结果。

如下图表示：

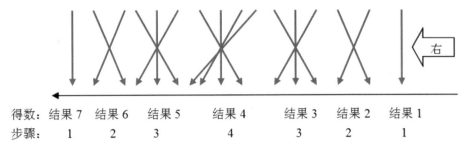

得数：结果7　结果6　结果5　　结果4　　结果3　结果2　结果1
步骤：　1　　　2　　　3　　　4　　　3　　　2　　　1

详细解释即：

1. **结果1：** 个位结果等于个位相乘，计算过程是1个步骤，用1条箭头竖线表示。

2. **结果2：** 十位结果等于个位与十位交叉相乘，它们的积相加，计算过程是2个步骤，用2条箭头交叉线表示。

3. **结果3：** 百位结果等于所有的十位与十位、个位与百位交叉相乘，计算过程是3个步骤，用3条箭头交叉线表示。

4. **结果4：** 千位结果等于所有的千位与个位、百位与十位交叉相乘，结算过程是4个步骤，用4条箭头交叉线表示。

5. **结果5：** 万位结果等于所有的千位与十位、百位与百位交叉相乘，计算过程是3个步骤，用3条箭头交叉线表示。

6. **结果6：** 十万位结果等于所有的千位与百位交叉相乘，计算过程是2个步骤，用2条箭头交叉线表示。

7. **结果7：** 百万位结果等于千位与千位相乘，计算过程是1个步骤，用1条箭头竖线表示。

遇到进位，与传统乘法一致，等于或大于10的结果，往前进位。

这个计算符号图如下（并示例）：

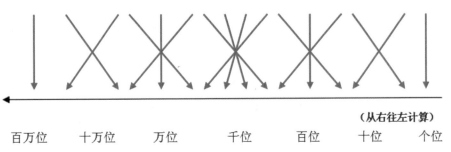

（从右往左计算）

百万位　　十万位　　万位　　　千位　　　百位　　十位　　个位

示例：1313×314=

算式改为 1313×0314

先介绍前四个步骤过程（从右到左，以下顺序同样）：

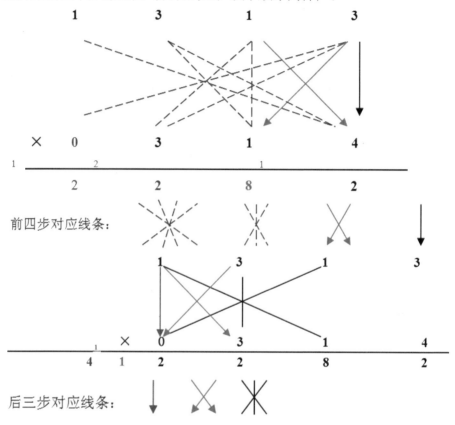

二、三、四位数乘法的应用

例1 三、四位数相乘（34）：3120×131=？你能够不用演算过程一步得出结果吗？

首先把算式改为四位数相乘：3120×0131，分解过程如下：

第一位：个位数结果为第一列数相乘，见下图绿色框表示。

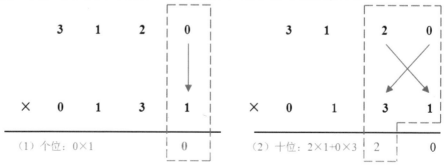

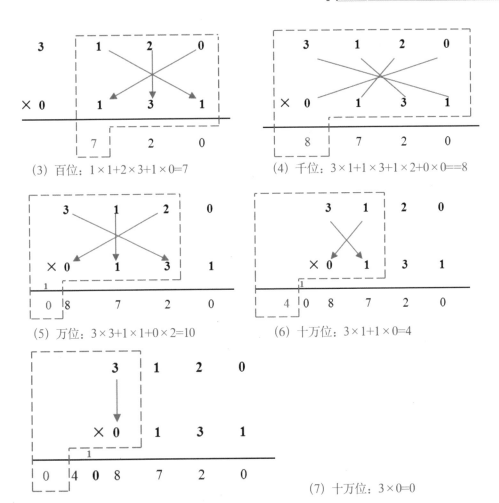

(3) 百位：$1\times1+2\times3+1\times0=7$

(4) 千位：$3\times1+1\times3+1\times2+0\times0==8$

(5) 万位：$3\times3+1\times1+0\times2=10$

(6) 十万位：$3\times1+1\times0=4$

(7) 十万位：$3\times0=0$

因此，计算结果为 408720。

例2　计算 $1901\times131=$ ？

（从该例题开始，请读者自行填写完成计算的各个过程，例题将由你来书写）

分解过程如下：

第一步：个位计算结果

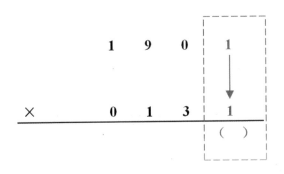

第二步：十位计算结果

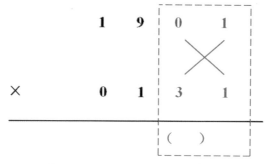

第三步：百位计算结果

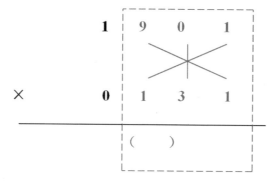

第四步：千位计算结果

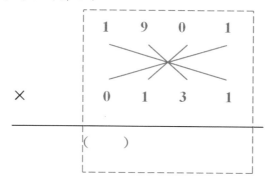

第五步：万位计算结果

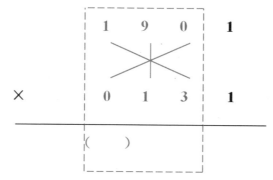

第六步： 十万位计算结果

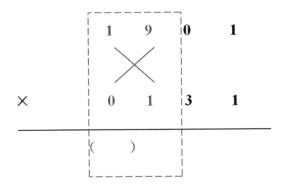

第七步： 百万位计算结果

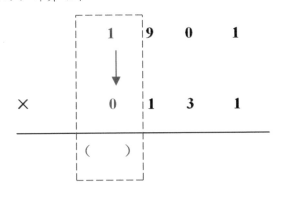

结果为：（　　　　）。

我们可以看出来，最后一步的结果"0"可以不写的，为了演示过程才附加上去的。如果有进位，则在前面进位即可。

例3　计算 $1003 \times 401 = ?$

（请读者自行填写完成计算的各个过程，例题将由你来书写）

把算式加"0"得 1003×0401，依据四位数相乘法则得：

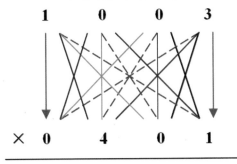

计算符号为：

结果为：（　　　　　）。

练习

1. 填空题。把演算的步骤的结果写在括号内。

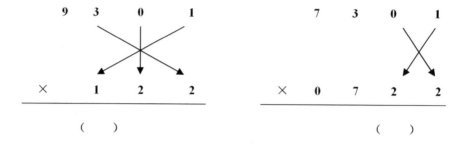

（　　）　　　　　　　　　　　　（　　）

2. 计算题。列式计算下列乘法的积。

（1）624×1011=

（2）204×1031=

（3）1901×402=

（4）1531×140=

3*. 选做题。列式计算下列乘法的积。

（1）9999×999=

（2）1111×111=

（3）333×3333=

（4）555×5555=

（5）777×7777=

（6）111×3333=

第八章 五位数相乘

现在我们进入了相对复杂一些的数字计算了，那就是五位数与五位数相乘（简写为55），而关于五位数相乘的计算法则符号图在第二章已经介绍过，下面直接列举。

一、五位数相乘的原理

五位数相乘，步骤是123454321，计算的原理是：（从右至左开始）

1. 第一位：第一列数字上下相乘得结果。

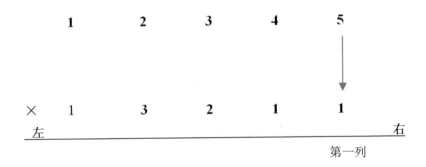

2. 第二位：第一、二列数字交叉相乘，然后所得的积相加，得到结果。

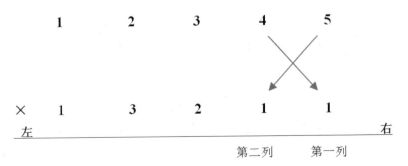

3. 第三位：第一、二、三列数字交叉相乘，积相加，得到结果。

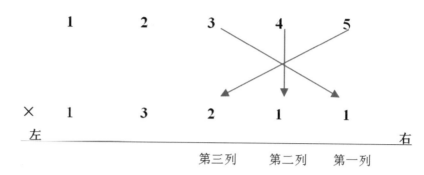

4. 第四位：第一、二、三、四列数字交叉相乘，积相加，得到结果。

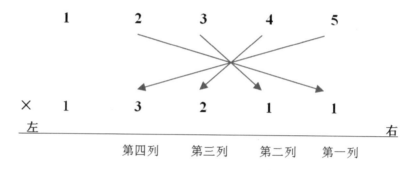

5. 第五位：第一、二、三、四、五列数字交叉相乘，积相加，得到结果。

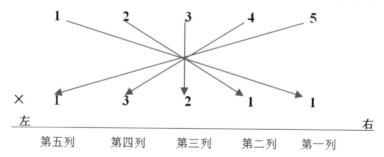

6. 第六位：第二、三、四、五列数字交叉相乘，积相加，得到结果。

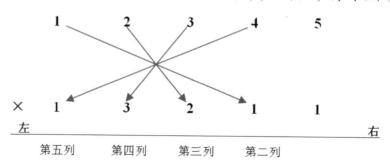

7. 第七位：第三、四、五列数字交叉相乘，积相加，得到结果。

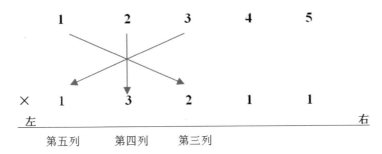

8. 第八位：第四、五列数字交叉相乘，积相加，得到结果。

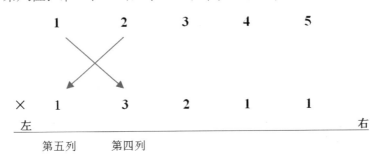

9. 第九位：第五列数字上下相乘，得到结果。

如下图表示（从右到左）：

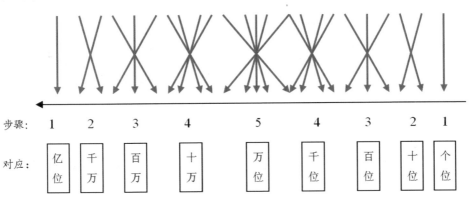

详细解释即：

1. 结果1：个位结果等于个位相乘，计算过程是1个步骤，用1条箭头竖线表示。

2. 结果2：十位结果等于个位与十位交叉相乘，它们的积相加，计算过程是2个步骤，用2条箭头交叉线表示。

3. 结果3：百位结果等于所有的十位与十位、个位与百位交叉相乘，计算过程是3个步骤，用3条箭头交叉线表示。

4. 结果4：千位结果等于所有的千位与个位、百位与十位交叉相乘，计算过程是4个步骤，用4条箭头交叉线表示。

5. 结果5：万位结果等于所有的万位与个位、千位与十位、百位与百位交叉相乘，计算过程是5个步骤，用5条箭头交叉线表示。

6. 结果6：十万位结果等于所有的万位与十位、千位与百位交叉相乘，计算过程是4个步骤，用1条箭头交叉线表示。

7. 结果7：百万位结果等于所有的万位与百位、千位与千位交叉相乘，计算过程是3个步骤，用3条箭头交叉线表示。

8. 结果8：千万位结果等于所有的万位与千位交叉相乘，计算过程是2个步骤，用2条箭头交叉线表示。

9. 结果9：亿位结果等于万位与万位上下相乘，计算过程是1个步骤，用1条箭头竖线表示。

遇到进位，与传统乘法一致，等于或大于10的结果，往前进位。

示例：11211×11321=126919731

先介绍前四个步骤过程（从右到左，以下顺序同样）：

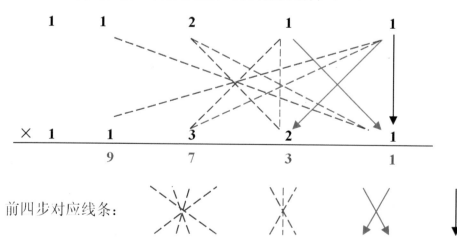

前四步对应线条：

第五步过程：

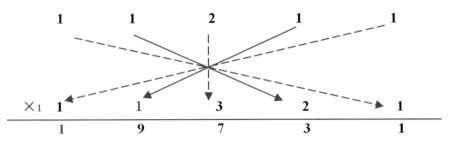

（注：该步为 1×1+1×1+2×3+1×2+1×1=11，结果大于 10，因此往前进一位）

后四步步骤过程如下：

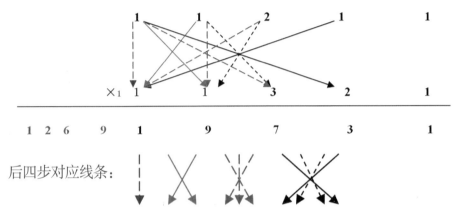

后四步对应线条：

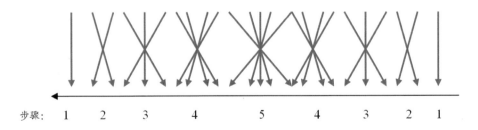

二、五位数乘法的应用

例 1　请计算 12121 × 12321= ？不需要列出竖式过程（分解示例）。
计算法则图：

步骤：　1　2　3　4　5　4　3　2　1

分析过程（从右到左）：

第一步，个位得（绿色框内，得数用红色表示，以下同）：

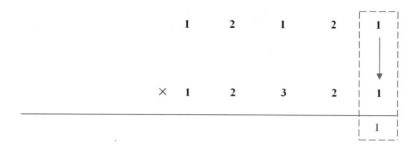

第二步，十位得：

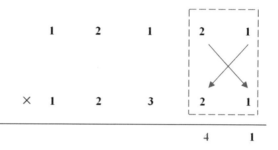

第三步，百位得：

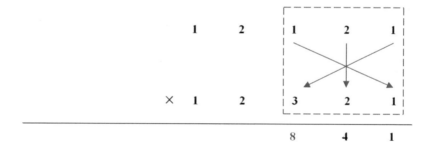

第四步，千位得：（结果大于10，进一位）

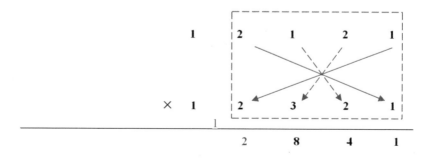

第五步，万位得（结果大于10，往前进一位）：

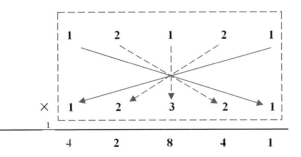

第六步，十万位得（结果为12，进一位，得3）：

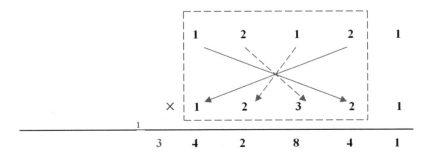

第七步，百万位得：

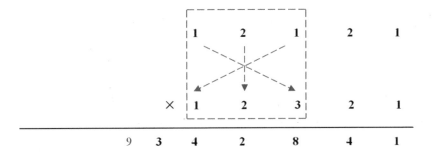

第八步，千万位得：

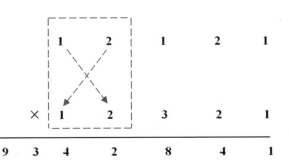

第九步，亿位得：

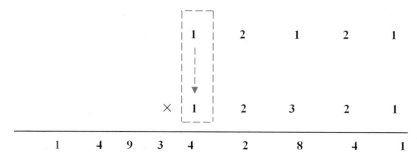

因此结果得 149342841。

例 2　计算 10101×20202＝？

计算法则图（从右到左）：

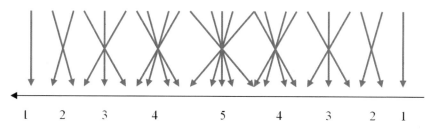

分析过程：前面四步合并得（得数用红色表示，以下同）：

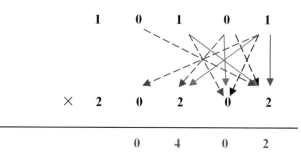

第五步得：

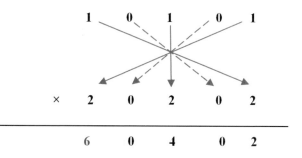

后面四步合并得：

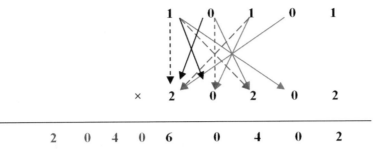

结果得：204060402。

例 3　10099×99001＝？

该算式进位超过 100，这里加以讲解。计算法则图（从右到左）：

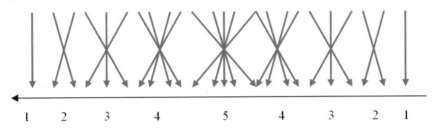

分解过程，前面四步合并得（得数用红色表示，以下同）：

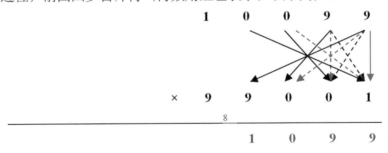

第五步计算得：9×9+9×9+0×0+0×0+1×1=81+81+1=163，加前面的进位"8"，得 171，则往前进两位（即 17）。如下表示：

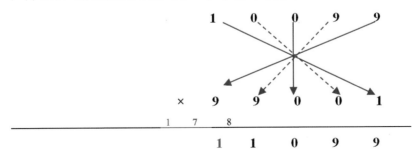

第六步计算得：$9×9+0×9+0×0+1×0=81$，前面有进位"17"，则相加为$81+17=98$，则在前面进位写为"9"。如下表示：

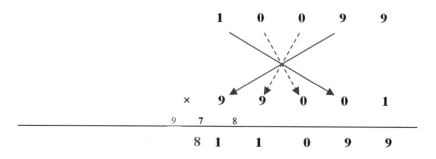

后面三步得：（注：第七步因为乘积都为0，因此进位9直接写下来，结果为"9"）

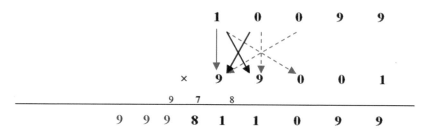

结果为999811099。

注意：本题主要是讲解超过100以上的大数进位问题。进位的方式仍然在所计算的步骤上往前进位，计算结果大于10，进一位；计算结果大于100，进两位；计算结果大于1000，进三位……如此类推；然后下一步计算的时候，记得把进位相加，才是最终结果。

进位相加现象：如果下一步仍然有进位，而且前面的计算也出现进位在同位置，则合并为新的进位结果。如例3的第六步即是如此。这就是大数目中存在的进位相加的现象。

练习

1. 判断题。判断下列计算过程的对错。

（1）计算 10001×90009 算式的过程如下，请指出计算结果是否正确（　　　）

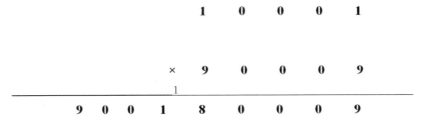

（2）计算 10001×10001 的过程如下，请指出前五步合并的结果是否正确（　　　）

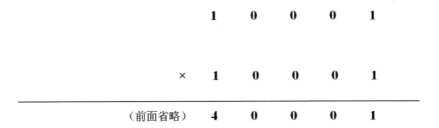

2. 请列算式计算下列题目：

(1) 11111×11111=

(2) 11111×22222=

(3) 22222×33333=

(4) 11111×33333=

第九章 四、五位数相乘

四、五位数相乘（45）的法则跟两、三位数相乘（23）的法则类似，都是通过补"0"方式，使四位数成为五位数，然后两数按五位数相乘（55）的法则进行。

一、四、五位数相乘（45）的原理

四、五位数相乘，先把四位数前面补"0"，形成为五位数，然后按照五位数相乘（55）法则进行。五位数相乘的步骤是123454321，计算的原理是：（从右至左开始）

1. **第一位**：第一列数字上下相乘得结果。
2. **第二位**：第一、二列数字交叉相乘，然后所得的积相加，得到结果。
3. **第三位**：第一、二、三列数字交叉相乘，积相加，得到结果。
4. **第四位**：第一、二、三、四列数字交叉相乘，积相加，得到结果。
5. **第五位**：第一、二、三、四、五列数字交叉相乘，积相加，得到结果。
6. **第六位**：第二、三、四、五列数字交叉相乘，积相加，得到结果。
7. **第七位**：第三、四、五列数字交叉相乘，积相加，得到结果。
8. **第八位**：第四、五列数字交叉相乘，积相加，得到结果。
9. **第九位**：第五列数字上下相乘，得到结果。

如下图表示（从右到左）：

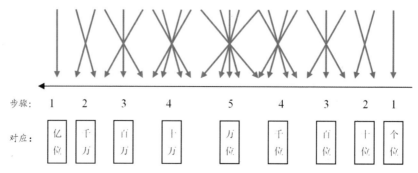

详细解释即：

1. **结果 1**：个位结果等于个位相乘，是 1 个步骤，用 1 条竖箭头表示。

2. **结果 2**：十位结果等于个位与十位交叉相乘，它们的积相加，计算过程是 2 个步骤，用 2 条箭头交叉线表示。

3. **结果 3**：百位结果等于所有的十位与十位、个位与百位交叉相乘，计算过程是 3 个步骤，用 3 条箭头交叉线表示。

4. **结果 4**：千位结果等于所有的千位与个位、百位与十位交叉相乘，计算过程是 4 个步骤，用 4 条箭头交叉线表示。

5. **结果 5**：万位结果等于所有的万位与个位、千位与十位、百位与百位交叉相乘，计算过程是 5 个步骤，用 5 条箭头交叉线表示。

6. **结果 6**：十万位结果等于所有的万位与十位、千位与百位交叉相乘，计算过程是 4 个步骤，用 4 条箭头交叉线表示。

7. **结果 7**：百万位结果等于所有的万位与百位、千位与千位交叉相乘，计算过程是 3 个步骤，用 3 条箭头交叉线表示。

8. **结果 8**：千万位结果等于万位与千位交叉相乘，计算过程是 2 个步骤，用 2 条箭头交叉线表示。

9. **结果 9**：亿位结果等于所有的万位与万位上下相乘，计算过程是 1 个步骤，用 1 条箭头竖线表示。

遇到进位，与传统乘法一致，等于或大于 10 的结果，往前进位。

二、四五位数相乘（45）的应用

例 1　计算 1010×20202＝？

把 1010 补 "0"，成为五位数 01010，则按照五位数乘法法则图计算：

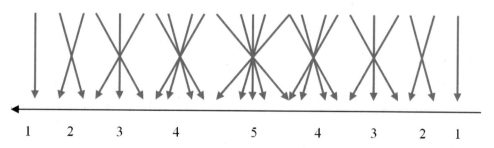

前四步合并计算得：

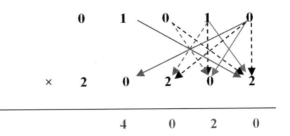

第五步结果得：

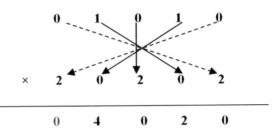

后面四步合并计算得：

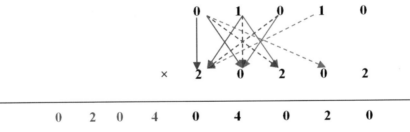

计算结果为 20404020。

为了清晰描述四五位数的乘法，例举例子尽量简单，使读者对规则能有清晰理解。

例 2　计算 20202×3030 ＝ ？

把 3030 补"0"，成为五位数 03030，则按照五位数乘法法则图计算：

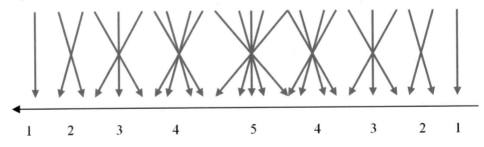

前四步合并计算得：

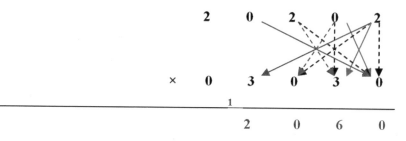

第五步结果得：因为第五位乘积的和为 0，因此得数为前面的进位"1"。

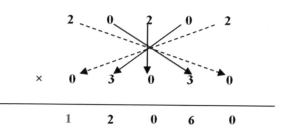

后面四步合并计算得：

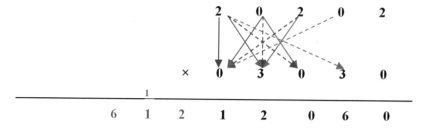

计算结果为 61212060。

练习

1．填空题。把空缺的步骤，按照提示填写完成。

（1）计算 10101×1101=（　　　　　　　）

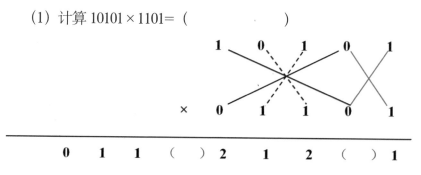

(2) 计算 20202×2020= (   )

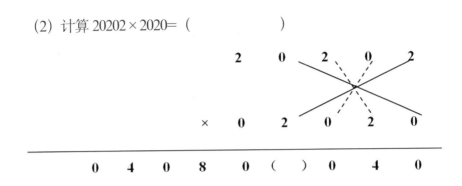

2. 计算题。

(1) 1234×12345=

(2) 10101×1234=

(3) 12345×1010=

(4) 11111×1010=

3. 四、五位数相乘，其顺序互换，是否会影响结果?

第十章　六位数相乘

学习了五位数相乘(55)，我们知道了大数字的进位的相加现象，也知道了四、五位数相乘（45）的"加 0 现象"，乘法开始复杂起来。本章我们将继续探讨六位数相乘（66）的法则及应用，开始更为复杂的数字乘法章节的学习。

关于六位数相乘的计算法则符号图在第二章已经介绍过，下面直接列举。

一、六位数相乘的原理

六位数相乘，步骤是 12345654321，计算的原理是：（从右至左开始）

1. 第一位：第一列数字上下相乘得结果。

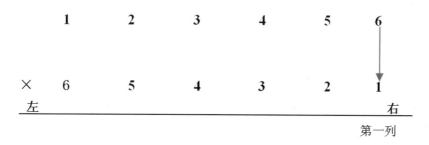

2. 第二位：第一、二列数字交叉相乘，然后所得的积相加，得到结果。

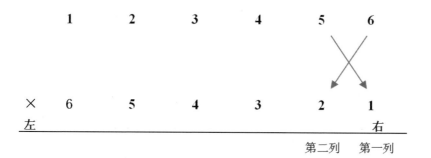

3. 第三位：第一、二、三列数字交叉相乘，积相加，得到结果。

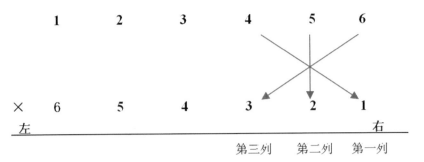

4. 第四位：第一、二、三、四列数字交叉相乘，积相加，得到结果。

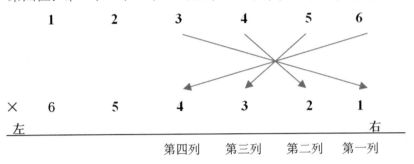

5. 第五位：第一、二、三、四、五列数字交叉相乘，积相加，得到结果。

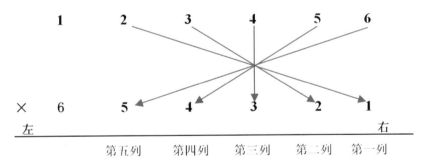

6. 第六位：第一、二、三、四、五、六列数字交叉相乘，积相加，得到结果。

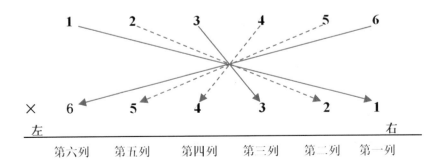

7. 第七位：第二、三、四、五、六列数字交叉相乘，积相加，得到结果。

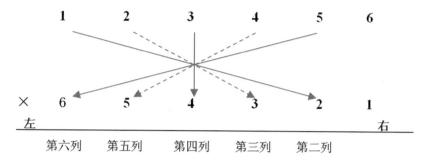

8. 第八位：第三、四、五、六列数字交叉相乘，积相加，得到结果。

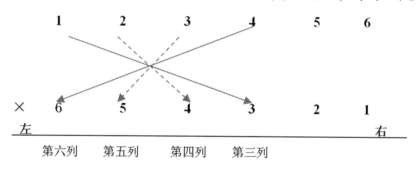

9. 第九位：第四、五、六列数字交叉相乘，积相加，得到结果。

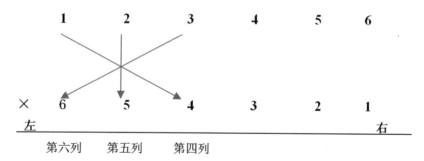

10. 第十位：第五、六列数字交叉相乘，积相加，得到结果。

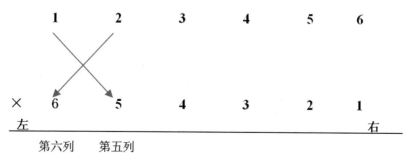

11. 第十一位：第六列数字上下相乘，得到结果。

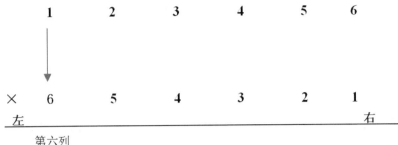

第六列

如下图表示（从右到左，标有步骤及对应数位）：

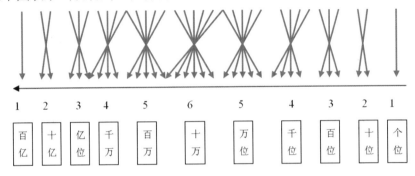

详细解释即：

1. **结果1**：个位结果等于个位相乘，计算过程是1个步骤，用1条箭头竖线表示。

2. **结果2**：十位结果等于个位与十位交叉相乘，它们的积相加，计算过程是2个步骤，用2条箭头交叉线表示。

3. **结果3**：百位结果等于所有的十位与十位、个位与百位交叉相乘，计算过程是3个步骤，用3条箭头交叉线表示。

4. **结果4**：千位结果等于所有的千位与个位、百位与十位交叉相乘，结算过程是4个步骤，用4条箭头交叉线表示。

5. **结果5**：万位结果等于所有的万位与个位、千位与十位、百位与百位交叉相乘，计算过程是5个步骤，用5条箭头交叉线表示。

6. **结果6**：十万位结果等于所有的十万位与个位、万位与十位、千位与百位交叉相乘，计算过程是6个步骤，用6条箭头交叉线表示。

7. **结果7**：百万位结果等于所有的十万位与十位、万位与百位、千位与千位相乘，计算过程是5个步骤，用5条箭头交叉线表示。

8. **结果8**：千万位结果等于所有的十万位与百位、万位与千位交叉相乘，计算过程是4个步骤，用4条箭头交叉线表示。

9. **结果9**：亿位结果等于所有的十万位与千位、万位与万位交叉相乘，计算过程是 3 个步骤，用 3 条箭头交叉线表示。

10. **结果10**：十亿位结果等于所有的十万位与万位交叉相乘，计算过程是 2 个步骤，用 2 条箭头交叉线表示。

11. **结果11**：百亿位结果等于十万位与十万位上下相乘，计算过程是 1 个步骤，用 1 条箭头竖线表示。

遇到进位，与传统乘法一致，等于或大于 10 的结果，往前进位。

二、六位数乘法的应用

为了方便演示计算的法则过程，选取例子一般以比较简单的数字为主。

例 1　请计算 121210×121210 ＝ ？不需要列出竖式过程。

六位数乘法（66）的法则图为：

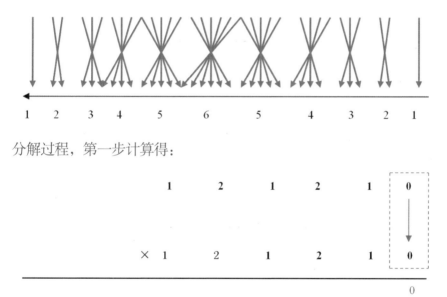

分解过程，第一步计算得：

第二步计算得：

第三步计算得：

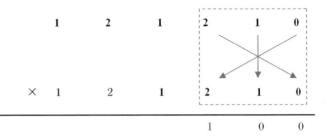

第四步计算得：

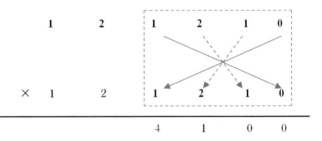

第五步计算得：

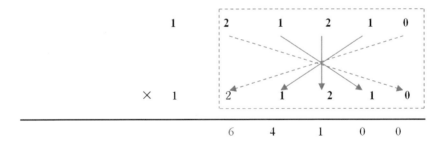

第六步计算得：

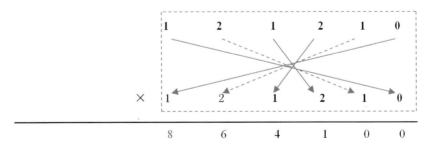

第七步计算得：　（$1\times1+2\times2+1\times1+2\times2+1\times1=11>10$，往前进位"1"）

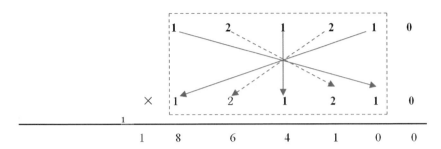

第八步计算得：

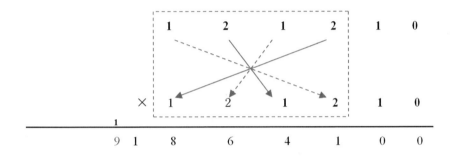

第九步计算得：

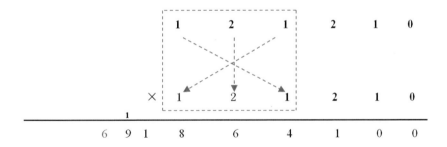

第十步计算得：

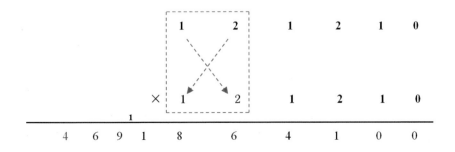

第十一步计算得：

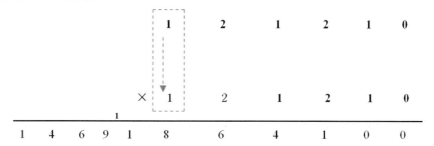

因此，计算结果为 14691864100。

例 2　计算 111211×113211＝ ？

六位数乘法（66）的法则图如下：

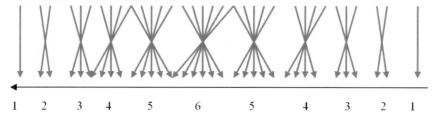

先介绍前四个步骤过程（从右到左，以下顺序同样）：

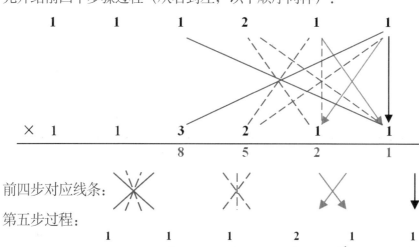

前四步对应线条：

第五步过程：

（注：该步为 1×1+1×3+2×2+1×1+1×1=10，结果等于10，因此往前进位"1"）

第六步对步骤过程如下：

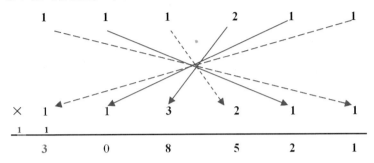

（注：该步为 1×1+1×1+2×3+1×2+1×1+1×1=12，加进位"1"，得13，因此往前进位"1"）

第七步计算得：

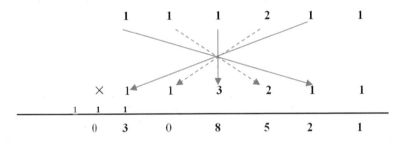

（注：该步为 1×1+1×2+1×3+1×2+1×1=9，加第六步的进位，等于10，因此往前进位"1"）

第八步至最后一步合并计算得：

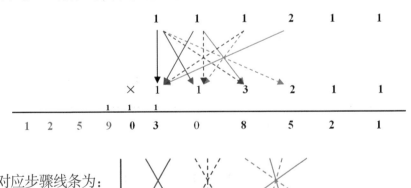

对应步骤线条为：

结果为 12590308521。

练习

1. 观察例 2 演示的过程，发现前四步的计算过程和后四步（第八步开始）的计算过程有什么特征?

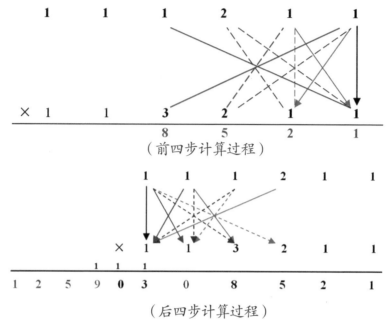

（前四步计算过程）

（后四步计算过程）

2. 计算题。

（1）$111111 \times 111111 =$

$$
\begin{array}{ccccccc}
 & 1 & 1 & 1 & 1 & 1 & 1 \\
\times & 1 & 1 & 1 & 1 & 1 & 1 \\
\hline
\end{array}
$$

（2）$111111 \times 222222 =$

$$
\begin{array}{ccccccc}
 & 1 & 1 & 1 & 1 & 1 & 1 \\
\times & 2 & 2 & 2 & 2 & 2 & 2 \\
\hline
\end{array}
$$

拓展思考

五、六位数相乘的原理

如何计算五位数与六位数的乘法（简写为 56）呢？原理跟四位数与五位数的乘法（45）类似，也是在五位数前加"0"，使它变为六位数，然后就可以依照六位数相乘（66）的法则进行计算了。

即：计算 11223×124567，加"0"即可得 011223×124567，然后依照六位数相乘（56）法则进行计算：

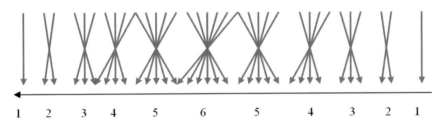

1　　2　　3　　4　　5　　6　　5　　4　　3　　2　　1

你可以自己尝试一下：计算 100123×12201= ？

第十一章 五、六位数相乘

前面我们学习了五位数相乘（55）、六位数相乘（66）的原理，那么五位数和六位数相乘（简记为56）又是怎样的呢？遇到这样的情况，我们取大数为准，即把五六位数相乘（56）看成是六位数相乘（66）即可。

这里只列举六位数相乘（66）的主要原理，细节参考六位数相乘章节了解。

一、六位数相乘的原理

六位数相乘，步骤是12345654321，计算的原理是：（从右至左开始）

1. **第一位**：第一列数字上下相乘得结果。

2. **第二位**：第一、二列数字交叉相乘，然后所得的积相加，得到结果。

3. **第三位**：第一、二、三列数字交叉相乘，积相加，得到结果。

4. **第四位**：第一、二、三、四列数字交叉相乘，积相加，得到结果。

5. **第五位**：第一、二、三、四、五列数字交叉相乘，积相加，得到结果。

6. **第六位**：第一、二、三、四、五、六列数字交叉相乘，积相加，得到结果。

7. **第七位**：第二、三、四、五、六列数字交叉相乘，积相加，得到结果。

8. **第八位**：第三、四、五、六列数字交叉相乘，积相加，得到结果。

9. **第九位**：第四、五、六列数字交叉相乘，积相加，得到结果。

10. **第十位**：第五、六列数字交叉相乘，积相加，得到结果。

11. **第十一位**：第六列数字上下相乘，得到结果。

如下图表示（从右到左，标有步骤及对应数位）：

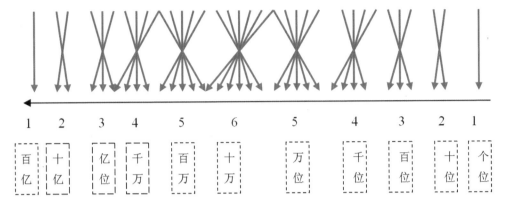

1	2	3	4	5	6	5	4	3	2	1
百亿	十亿	亿位	千万	百万	十万	万位	千位	百位	十位	个位

遇到进位，与传统乘法一致，等于或大于 10 的结果，往前进位。

二、五、六位数乘法的应用

为了方便演示计算的法则过程，选取例子一般以比较简单的数字为主。注：从该例题开始，请读者自行填写完成计算的各个过程，例题将由你来书写。

例 1   请计算 131310×10101＝？不需要列出竖式过程。

六位数乘法（66）的法则图为：

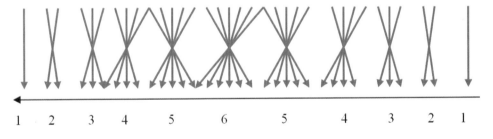

1	2	3	4	5	6	5	4	3	2	1

先把算式换成六位数相乘，即通过加"0"方法，得到：131310×010101

分解过程，第一步计算得：

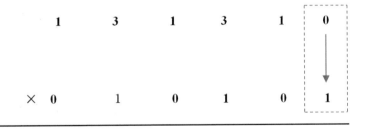

（　　）

第二步计算得：

		1		3		1		3		1	0
×		0		1		0		1		0	1

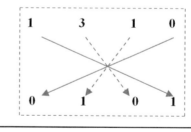

(　　　)

第三步计算得：

		1		3		1		3	1	0
×		0		1		0		1	0	1

(　　　)

第四步计算得：

		1		3		1	3	1	0
×		0		1		0	1	0	1

(　　　)

第五步计算得：

		1		3	1	3	1	0
×		0		1	0	1	0	1

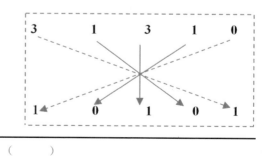

(　　　)

第六步计算得：

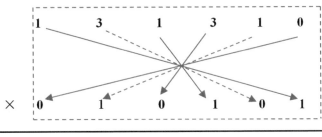

$$(\qquad)$$

第七步计算得：

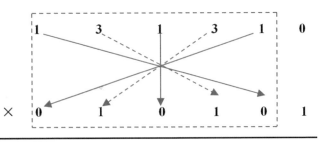

$$(\qquad)$$

第八步计算得：

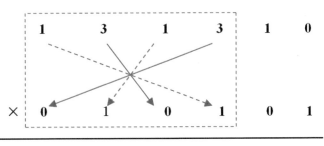

$$(\qquad)$$

第九步计算得：

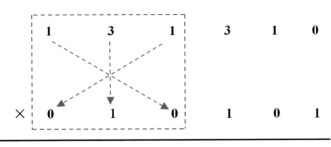

$$(\qquad)$$

第十步计算得：

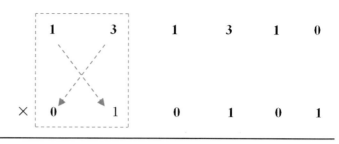

（　　　　）

第十一步计算得：

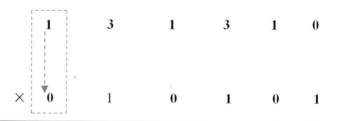

（　　　）

因此，计算结果为（　　　　　　）。

例 2　计算 111211×13211＝？

六位数乘法（66）的法则图如下：

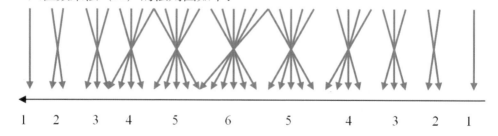

先介绍前四个步骤过程（从右到左，以下顺序同样）：

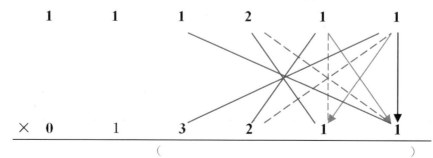

（　　　　　　　　　　　　　　　）

前四步对应线条：

第五步过程：

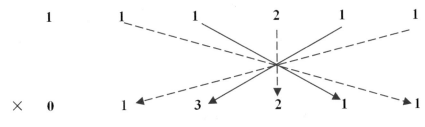

（注：该步为 $1\times1+1\times3+2\times2+1\times1+1\times1=$＿＿＿，结果等于＿＿＿，因此往前进位"＿＿"）

第六步对步骤过程如下：

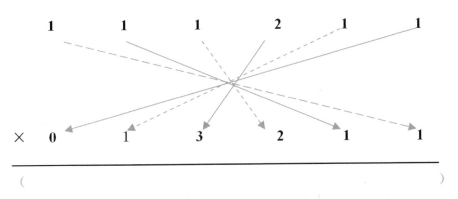

（注：该步为 $1\times0+1\times1+2\times3+1\times2+1\times1+1\times1=$＿＿＿，加进位"＿＿"，得，因此往前进位"＿＿"）

第七步计算得：

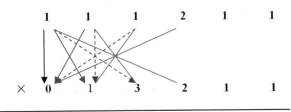

（注：该步为 $1\times0+1\times2+1\times3+1\times2+1\times1=$＿＿＿，等于＿＿＿）

第八步至最后一步合并计算得：

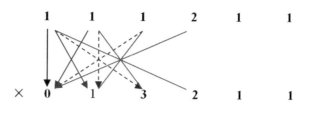

对应步骤线条为：

结果为（　　　　）。

练习

1. 填空题。

观察例 2 演示的过程，发现前四步的计算过程和后四步（第八步开始）的计算过程有什么特征？

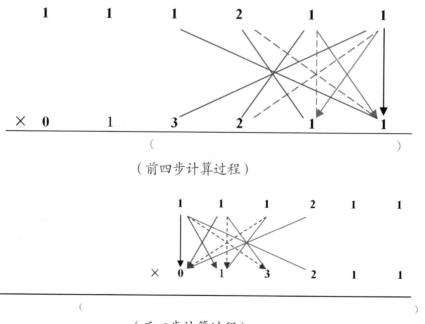

（前四步计算过程）

（后四步计算过程）

特征：对比前后四个步骤，它们的步骤是 1，2，3，4 和（　　　　）2，1。

2. 计算题。

(1) $111111 \times 11111 =$

$$\begin{array}{ccccccc} & 1 & 1 & 1 & 1 & 1 & 1 \\ \times & 0 & 1 & 1 & 1 & 1 & 1 \\ \hline \end{array}$$

(2) $111111 \times 22222 =$

$$\begin{array}{ccccccc} & 1 & 1 & 1 & 1 & 1 & 1 \\ \times & 0 & 2 & 2 & 2 & 2 & 2 \\ \hline \end{array}$$

3. 选做题。列式计算下列乘法。

(1) 999999×99999=   (2) 111111×11111=

(3) 33333×333333=   (4) 55555×555555=

(5) 77777×777777=   (6) 11111×333333=

第十二章 七位数相乘

七位数相乘（简写为77）的原理与六位数相乘类似，只是增加了几个步骤而已。本章我们继续探讨七位数相乘（77）的法则及应用。关于七位数相乘（77）的计算法则符号图在第二章已经介绍过，下面直接讲解。

一、七位数相乘的原理

七位数相乘，步骤是1234567654321，计算的原理是：（从右至左开始）

1. **第一位**：第一列数字上下相乘得结果。

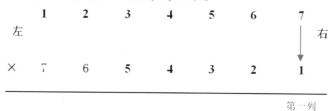

2. **第二位**：第一、二列数字交叉相乘，然后所得的积相加，得到结果。

3. **第三位**：第一、二、三列数字交叉相乘，积相加，得到结果。

4. **第四位：** 第一、二、三、四列数字交叉相乘，积相加，得到结果。

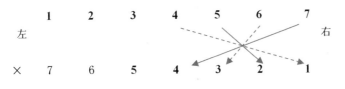

第四列　第三列　第二列　第一列

5. **第五位：** 第一、二、三、四、五列数字交叉相乘，积相加，得到结果。

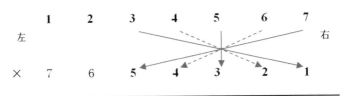

第五列　第四列　第三列　第二列　第一列

6. **第六位：** 第一、二、三、四、五、六列数字交叉相乘，积相加，得到结果。

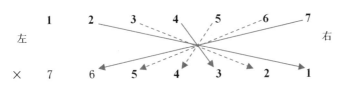

第六列　第五列　第四列　第三列　第二列　第一列

7. **第七位：** 第一、二、三、四、五、六、七列数字交叉相乘，积相加，得到结果。

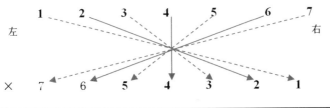

第七列　第六列　第五列　第四列　第三列　第二列　第一列

8. **第八位：** 第二、三、四、五、六、七列数字交叉相乘，积相加，得到结果。

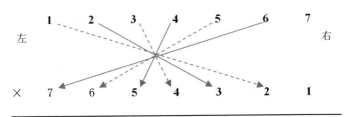

第七列　第六列　第五列　第四列　第三列　第二列

9. **第九位：** 第三、四、五、六、七列数字交叉相乘，积相加，得到结果。

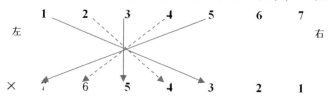

第七列　第六列　第五列　第四列　第三列

10. **第十位：** 第四、五、六、七列数字交叉相乘，积相加，得到结果。

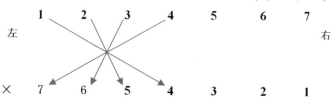

第七列　第六列　第五列　第四列

11. **第十一位：** 第五、六、七列数字交叉相乘，积相加，得到结果。

第七列　第六列　第五列

12. **第十二位：** 第六、七列数字交叉相乘，积相加，得到结果。

第七列　第六列

13. **第十三位：** 第七列数字上下相乘，得到结果。

第七列

如下图表示（从右到左，标有步骤及对应数位）：

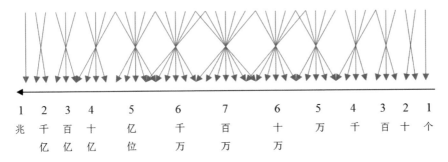

1	2	3	4	5	6	7	6	5	4	3	2	1
兆	千亿	百亿	十亿	亿位	千万	百万	十万	万	千	百	十	个

详细解释即：

1. **结果1**：个位结果等于个位相乘，计算过程是1个步骤，用1条箭头竖线表示。

2. **结果2**：十位结果等于个位与十位交叉相乘，它们的积相加，计算过程是2个步骤，用2条箭头交叉线表示。

3. **结果3**：百位结果等于所有的十位与十位、个位与百位交叉相乘，计算过程是3个步骤，用3条箭头交叉线表示。

4. **结果4**：千位结果等于所有的千位与个位、百位与十位交叉相乘，计算过程是4个步骤，用4条箭头交叉线表示。

5. **结果5**：万位结果等于所有的万位与个位、千位与十位、百位与百位交叉相乘，计算过程是5个步骤，用5条箭头交叉线表示。

6. **结果6**：十万位结果等于所有的十万位与个位、万位与十位、千位与百位交叉相乘，计算过程是6个步骤，用6条箭头交叉线表示。

7. **结果7**：百万位结果等于所有的百万位与个位、十万位与十位、万位与百位、千位与千位相乘，计算过程是7个步骤，用7条箭头交叉线表示。

8. **结果8**：千万位结果等于所有的百万位与十位、十万位与百位、万位与千位交叉相乘，计算过程是6个步骤，用6条箭头交叉线表示。

9. **结果9**：亿位结果等于所有的百万位与百位、十万位与千位、万位与万位交叉相乘，计算过程是5个步骤，用5条箭头交叉线表示。

10. **结果10**：十亿位结果等于所有的百万位与千位、十万位与万位交叉相乘，计算过程是4个步骤，用4条箭头交叉线表示。

11. **结果11**：百亿位结果等于所有的百万位与万位、十万位与十万位交叉相乘，计算过程是2个步骤，用2条箭头交叉线表示。

12. **结果12**：千亿位结果等于所有的百万位与十万位交叉相乘，计算过程是2个步骤，用2条箭头交叉线表示。

13. **结果 13**：百亿位结果等于百万位与百万位上下相乘，计算过程是 1 个步骤，用 1 条箭头竖线表示。

遇到进位，与传统乘法一致，等于或大于 10 的结果，往前进位。

二、七位数乘法的应用

例 1　1010101 × 1010101 = ？

根据七位数乘法的法则图，如下：

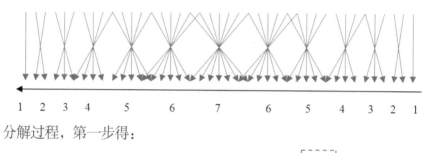

分解过程，第一步得：

第二步计算得：

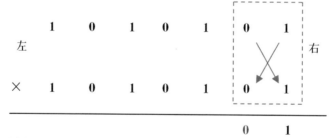

第三步计算得：

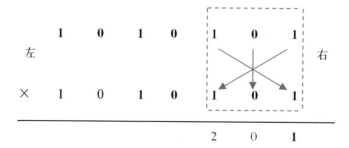

第四步计算得：

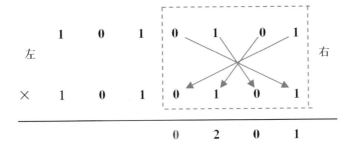

第五步计算得：

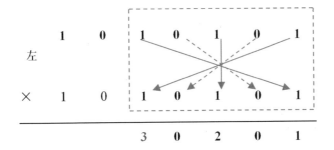

第六步计算得：

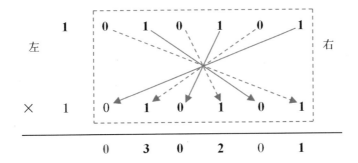

第七步计算得：

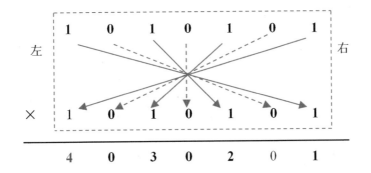

第八步计算得:

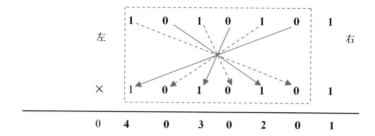

第九步计算得:

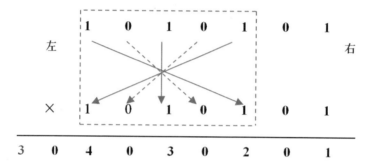

第十步计算得:

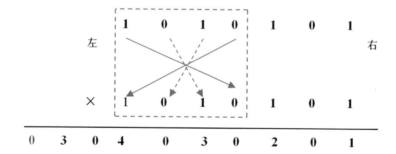

第十一步计算得:

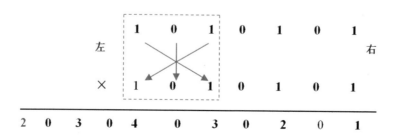

第十二步计算得：

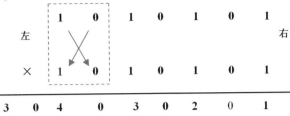

第十三步计算得：

因此，计算结果为 1020304030201。

例2 计算 $1111111 \times 1111111 =$ ？
根据七位数乘法的法则图，如下：

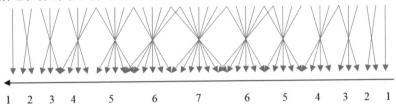

分解过程，第一至四步得：

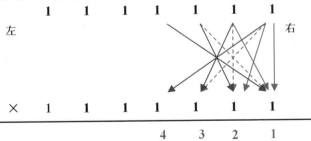

第五步计算得：

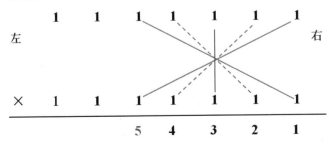

第六、七步计算得：

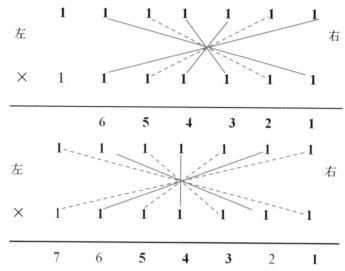

第八步计算得：

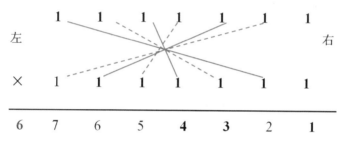

第九步计算得：

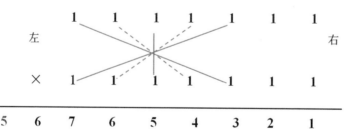

第十至十三步计算得：

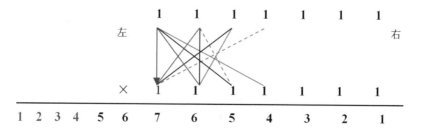

结果为 1234567654321。

合并第一至第十三步计算符号图如下：

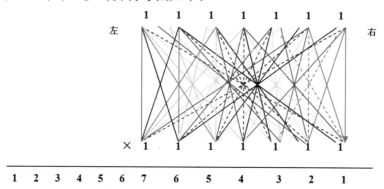

细心观察可以发现，中间的交点，也形成了规律性的变化：

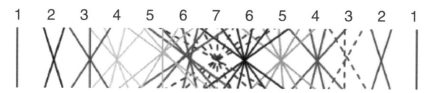

练习

1. 填空题。

　（1）七位数相乘（77）的法则图是：

　　_____

　（2）七位数相乘（77），从右往左开始，每步经过的计算步骤是：

　　_____

2. 计算题。

　（1）1111111×2222222＝　　　　　（2）2222222×3333333＝

第十三章 六、七位数相乘

六、七位数相乘（67）的法则跟四、五位数相乘（45）的法则类似，也是通过补"0"方式，使六位数成为七位数，然后两数按七位数相乘（77）的法则进行。

一、六、七位数相乘（67）的原理

六七位数相乘，先把六位数前面补"0"，变成七位数，然后按照七位数相乘（77）法则进行。七位数相乘的步骤是1234567654321，计算的原理是：（从右至左开始）

1. **第一位**：第一列数字上下相乘，积为结果。

2. **第二位**：第一、二列数字交叉相乘，积相加，得到结果。

3. **第三位**：第一、二、三列数字交叉相乘，积相加，得到结果。

4. **第四位**：第一、二、三、四列数字交叉相乘，积相加，得到结果。

5. **第五位**：第一、二、三、四、五列数字交叉相乘，积相加，得到结果。

6. **第六位**：第一、二、三、四、五、六列数字交叉相乘，积相加，得到结果。

7. **第七位**：第一、二、三、四、五、六、七列数字交叉相乘，积相加，得到结果。

8. **第八位**：第二、三、四、五、六、七列数字交叉相乘，积相加，得到结果。

9. **第九位**：第三、四、五、六、七列数字交叉相乘，积相加，得到结果。

10. **第十位**：第四、五、六、七列数字交叉相乘，积相加，得到结果。

11. **第十一位**：第五、六、七列数字交叉相乘，积相加，得到结果。

12. **第十二位**：第六、七列数字交叉相乘，积相加，得到结果。

13. **第十三位**：第七列数字上下相乘，得到结果。

如下图表示（从右到左，标有步骤及对应数位）：

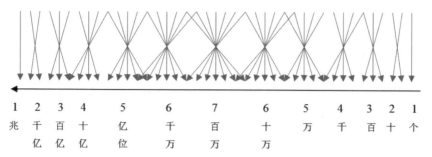

1	2	3	4	5	6	7	6	5	4	3	2	1
兆	千	百	十	亿	千	百	十	万	千	百	十	个
亿	亿	亿	位		万	万	万					

详细解释即：

1. **结果1：** 个位结果等于个位相乘，是1个步骤，用1条竖箭头表示。

2. **结果2：** 十位结果等于个位与十位交叉相乘，它们的积相加，计算过程是2个步骤，用2条箭头交叉线表示。

3. **结果3：** 百位结果等于所有的十位与十位、个位与百位交叉相乘，计算过程是3个步骤，用3条箭头交叉线表示。

4. **结果4：** 千位结果等于所有的千位与个位、百位与十位交叉相乘，结算过程是4个步骤，用4条箭头交叉线表示。

5. **结果5：** 万位结果等于所有的万位与个位、千位与十位、百位与百位交叉相乘，计算过程是5个步骤，用5条箭头交叉线表示。

6. **结果6：** 十万位结果等于所有的十万位与个位、万位与十位、千位与百位交叉相乘，计算过程是6个步骤，用6条箭头交叉线表示。

7. **结果7:** 百万位结果等于所有的百万位与个位、十万位与十位、万位与百位、千位与千位相乘，计算过程是7个步骤，用7条箭头交叉线表示。

8. **结果8：** 千万位结果等于所有的百万位与十位、十万位与百位、万位与千位交叉相乘，计算过程是6个步骤，用6条箭头交叉线表示。

9. **结果9：** 亿位结果等于所有的百万位与百位、十万位与千位、万位与万位交叉相乘，计算过程是5个步骤，用5条箭头交叉线表示。

10. **结果10:** 十亿位结果等于所有的百万位与千位、十万位与万位交叉相乘，计算过程是4个步骤，用4条箭头交叉线表示。

11. **结果11：** 百亿位结果等于所有的百万位与万位、十万位与十万位交叉相乘，计算过程是2个步骤，用2条箭头交叉线表示。

12. 结果 12：千亿位结果等于所有的百万位与十万位交叉相乘，计算过程是 2 个步骤，用 2 条箭头交叉线表示。

13. 结果 13：百亿位结果等于百万位与百万位上下相乘，计算过程是 1 个步骤，用 1 条箭头竖线表示。

遇到进位，与传统乘法一致，等于或大于 10 的结果，往前进位。

二、六、七位数相乘（67）的应用

例 1　计算 110001×2020002＝？

在 110001 前面加"0"，变成七位数 0110001，然后根据七位数乘法的法则图：

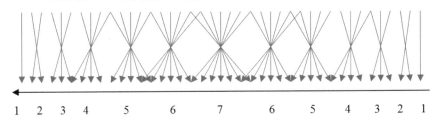

分解过程，第一至七步得（从右起，不同颜色交叉点数表示不同步骤数量）：

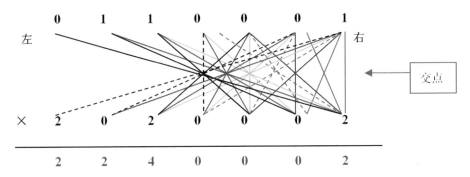

第八至第十三步得（从右起，不同颜色交叉点数表示不同步骤数量）：

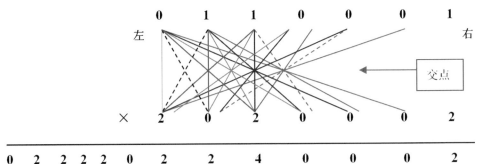

因此结果为 222202240002。

例 2 计算 1111111×111111= ？

在 111111 前面加 "0"，变成七位数 0111111，然后根据七位数乘法的法则图：

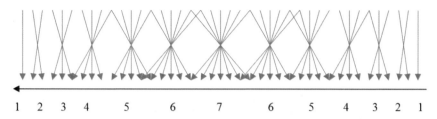

因为题目比较简单，因此特地将第一步至第十三步的过程一次写完，通过观察计算过程的不同颜色、不同数量的交叉点确定每个步骤。

颜色变化为（自右至左）： 1 条绿线、2 条绿线、3 条绿点线、4 条浅蓝线、5 条红线、6 条深蓝点线、7 条紫线、6 条橘黄线、5 条黑点线、4 条嫩绿线、3 条绿点线、2 条黑线、1 条深蓝线。

从线条的变化，我们再次看到了七位数乘法（77）法则图的美妙状态。

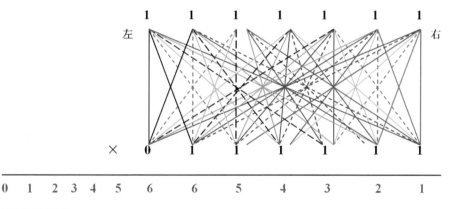

因此结果为 123456654321。

练习

1．填空题。

（1）观察例 2，6 条橘黄色线代表算式的第 _____ 步计算，结果为 _____。

（2）观察例 2，2 条黑色线代表算式的第 _____ 步计算，结果为 _____。

2．计算题。

（1）333333×1111111=   （2）2222222×100001=

第十四章 八位数相乘

本章开始学习八位数相乘（简写为88）的内容。八位数相乘（88）的原理与七位数相乘类似，只是增加了几个步骤而已。关于八位数相乘（88）的计算法则符号图在第二章已经介绍过，下面直接讲解。

一、八位数相乘的原理

八位数相乘，步骤是123456787654321，计算的原理是：（从右至左开始）

1. 第一位：第一列数字上下相乘得结果。

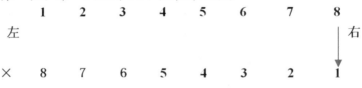

2. 第二位：第一、二列数字交叉相乘，然后所得的积相加，得到结果。

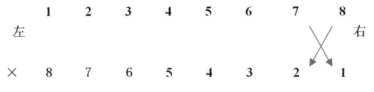

3. 第三位：第一、二、三列数字交叉相乘，积相加，得到结果。

4. 第四位：第一、二、三、四列数字交叉相乘，积相加，得到结果。

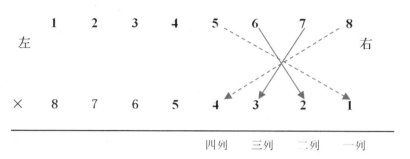

5. 第五位：第一、二、三、四、五列数字交叉相乘，积相加，得到结果。

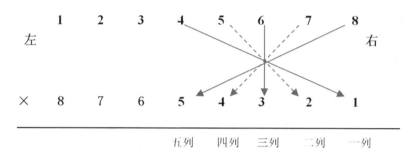

6. 第六位：第一、二、三、四、五、六列数字交叉相乘，积相加，得到结果。

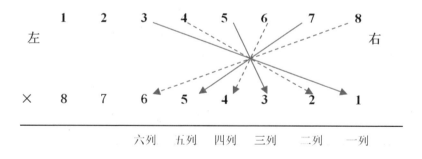

7. 第七位：第一、二、三、四、五、六、七列数字交叉相乘，积相加，得到结果。

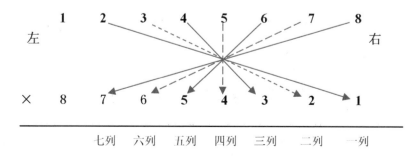

8. **第八位**：第一、二、三、四、五、六、七、八列数字交叉相乘，积相加，得到结果。

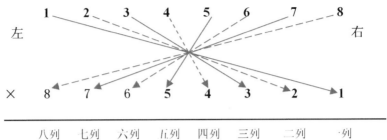

9. **第九位**：第二、三、四、五、六、七、八列数字交叉相乘，积相加，得到结果。

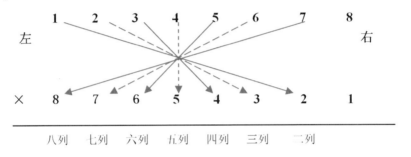

10. **第十位**：第三、四、五、六、七、八列数字交叉相乘，积相加，得到结果。

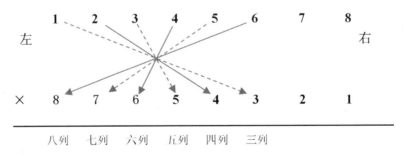

11. **第十一位**：第四、五、六、七、八列数字交叉相乘，积相加，得到结果。

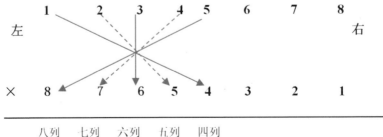

12. 第十二位：第五、六、七、八列数字交叉相乘，积相加，得到结果。

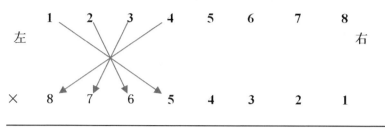

　　　　八列　　七列　　六列　　五列

13. 第十三位：第六、七、八列数字交叉相乘，积相加，得到结果。

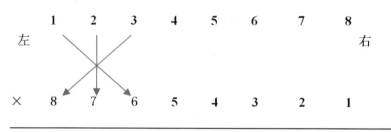

　　　　八列　　七列　　六列

14. 第十四位：第七、八列数字交叉相乘，积相加，得到结果。

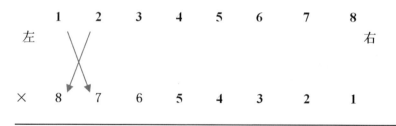

　　　　八列　　七列

15. 第十五位：第八列数字上下相乘，得到结果。

　　　　八列

如下图表示（从右到左，标有步骤及对应数位）：

1	2	3	4	5	6	7	8	7	6	5	4	3	2	1
百兆	十兆	兆	千亿	百亿	十亿	亿位	千万	百万	十万	万	千	百	十	个

详细解释即：

1. **结果 1：** 个位结果等于个位相乘，1 个步骤，用 1 条竖箭头表示。

2. **结果 2：** 十位结果等于个位与十位交叉相乘，它们的积相加，计算过程是 2 个步骤，用 2 条箭头交叉线表示。

3. **结果 3：** 百位结果等于所有的十位与十位、个位与百位交叉相乘，计算过程是 3 个步骤，用 3 条箭头交叉线表示。

4. **结果 4：** 千位结果等于所有的千位与个位、百位与十位交叉相乘，结算过程是 4 个步骤，用 4 条箭头交叉线表示。

5. **结果 5：** 万位结果等于所有的万位与个位、千位与十位、百位与百位交叉相乘，计算过程是 5 个步骤，用 5 条箭头交叉线表示。

6. **结果 6：** 十万位结果等于所有的十万位与个位、万位与十位、千位与百位交叉相乘，计算过程是 6 个步骤，用 6 条箭头交叉线表示。

7. **结果 7：** 百万位结果等于所有的百万位与个位、十万位与十位、万位与百位、千位与千位相乘，计算过程是 7 个步骤，用 7 条箭头交叉线表示。

8. **结果 8：** 千万位结果等于所有的千万位与个位、百万位与十位、十万位与百位、万位与千位交叉相乘，计算过程是 8 个步骤，用 8 条箭头交叉线表示。

9. **结果 9：** 亿位结果等于所有的千万位与十位、百万位与百位、十万位与千位、万位与万位交叉相乘，计算过程是 7 个步骤，用 7 条箭头交叉线表示。

10. **结果 10：** 十亿位结果等于所有的千万位与百位、百万位与千位、十万位与万位交叉相乘，计算过程是 6 个步骤，用 6 条箭头交叉线表示。

11. **结果 11：** 百亿位结果等于所有的千万位与千位、百万位与万位、十万位与十万位交叉相乘，计算过程是 5 个步骤，用 5 条箭头交叉线表示。

12. **结果 12：** 千亿位结果等于所有的千万位与万位、百万位与十万位交叉相乘，计算过程是 4 个步骤，用 4 条箭头交叉线表示。

13. **结果 13：** 兆位结果等于所有的千万位与十万位、百万位与百万位交叉相乘，计算过程是 3 个步骤，用 3 条箭头交叉线表示。

14. **结果 14**：十兆位结果等于所有的千万位与百万位交叉相乘，计算过程是 2 个步骤，用 2 条箭头交叉线表示。

15. **结果 15**：百亿位结果等于千万位与千万位上下相乘，计算过程是 1 个步骤，用 1 条箭头竖线表示。

遇到进位，与传统乘法一致，等于或大于 10 的结果，往前进位。

二、八位数乘法的应用

为了方便演示计算的法则过程，选取例子一般以比较简单的数字为主。

例 1　计算 10101010 × 10101010

根据八位数相乘（88）法则图计算：

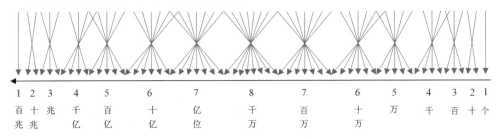

分解过程，第一步得：

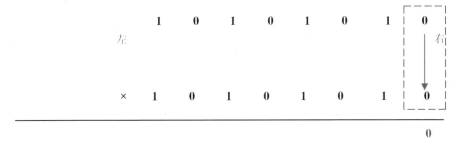

第二步计算得：

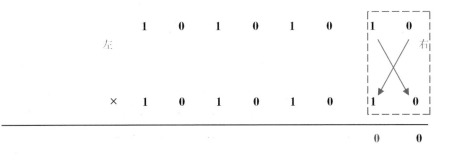

第三步计算得：

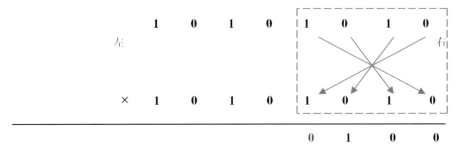

第四步计算得：

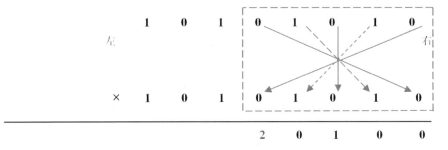

第五步计算得：

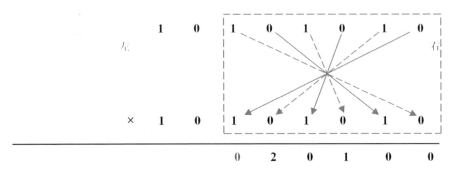

第六步计算得：

第七步计算得：

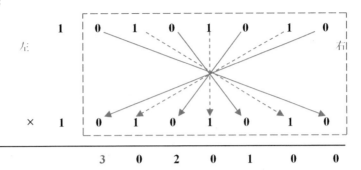

第八步计算得：

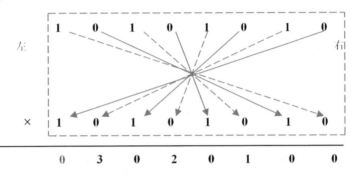

第九步计算得：

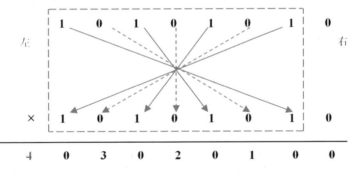

第十步计算得：

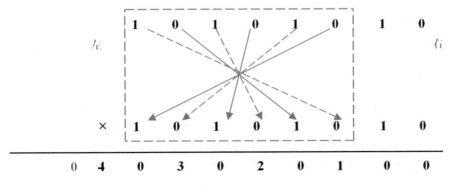

第十一步计算得：

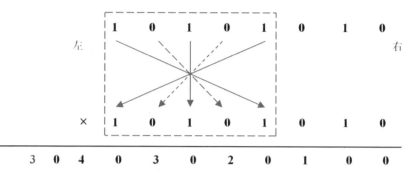

	1	0	1	0	1	0	1	0
左								右
×	1	0	1	0	1	0	1	0

3　0　4　0　3　0　2　0　1　0　0

第十二步计算得：

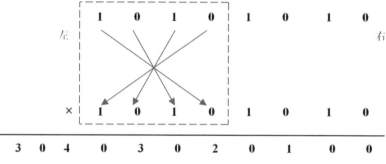

	1	0	1	0	1	0	1	0
左								右
×	1	0	1	0	1	0	1	0

0　3　0　4　0　3　0　2　0　1　0　0

第十三步计算得：

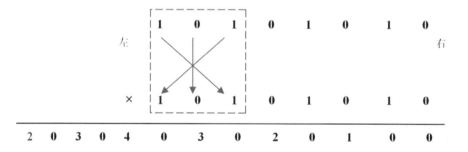

	1	0	1	0	1	0	1	0
左								右
×	1	0	1	0	1	0	1	0

2　0　3　0　4　0　3　0　2　0　1　0　0

第十四步计算得：

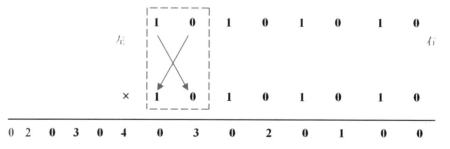

	1	0	1	0	1	0	1	0
左								右
×	1	0	1	0	1	0	1	0

0　2　0　3　0　4　0　3　0　2　0　1　0　0

第十五步计算得：

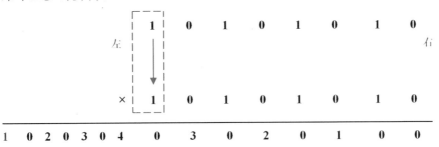

因此，计算结果为102030403020100。

例 2　计算 20202020×20202020

根据八位数相乘（88）法则图计算：

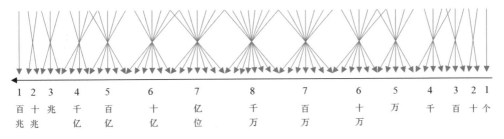

1	2	3	4	5	6	7	8	7	6	5	4	3	2	1
百兆	十兆	兆	千亿	百亿	十亿	亿位	千万	百万	十万	万	千	百	十	个

分解过程，第一步至第五步计算得：

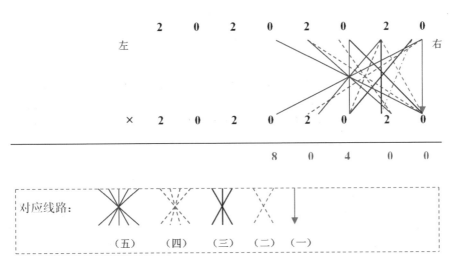

第六步至第十步计算得：

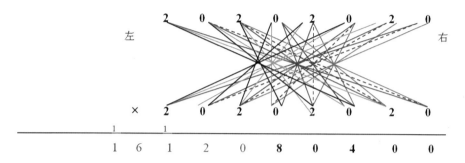

注： 第七步为 0×0+2×2+0×0+2×2+0×0+2×2+0×0=12，往前进一位。

第九步为 2×2+0×0+2×2+0×0+2×2+0×0+2×2=16，往前进一位。

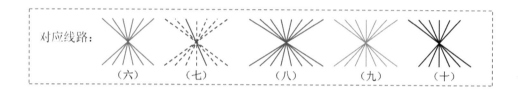

第十一步至第十五步计算得：

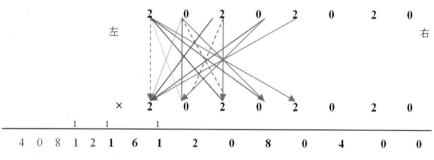

注： 第十二步为 2×2+0×0+2×2+0×0+2×2=12，往前进一位。

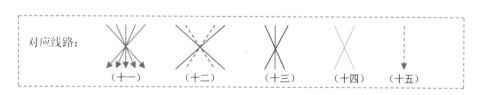

因此，计算结果为 408121612080400。

例3 计算 11110000 × 22221111

根据八位数相乘（88）法则图计算：

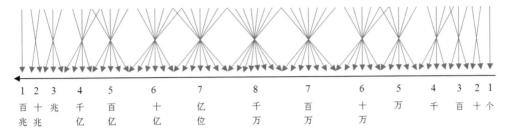

1	2	3	4	5	6	7	8	7	6	5	4	3	2	1
百兆	十兆	兆	千亿	百亿	十亿	亿位	千万	百万	十万	万	千	百	十	个

计算得：

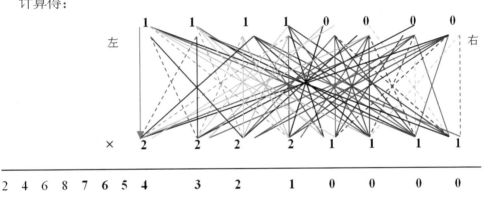

| 2 | 4 | 6 | 8 | 7 | 6 | 5 | 4 | 3 | 2 | 1 | 0 | 0 | 0 | 0 |

结果为 246876543210000。

练习

1. 填空题。下列算式中第八步计算算式为：

$$
\begin{array}{cccccccc}
 & 1 & 1 & 1 & 1 & 0 & 0 & 0 & 1 \\
左 & & & & & & & & 右 \\
\times & 1 & 2 & 3 & 2 & 0 & 1 & 0 & 1 \\
\end{array}
$$

2. 计算下列算式：

　(1) 11112222 × 10001001 =　　　　(2) 90001222 × 10001009 =

第十五章 七、八位数相乘

前面我们学习了七位数相乘（77）、八位数相乘（88）的原理，那么七位数和八位数相乘（简记为78）又是怎样的呢？遇到这样的情况，我们取大数为准，即把七、八位数相乘（78）看成是八位数相乘（88）即可。

这里只列举八位数相乘（88）的主要原理，细节参考八位数相乘章节了解。

一、八位数相乘的原理

八位数相乘，步骤是 123456787654321，计算的原理是：（从右至左开始）

1. **第一位**：第一列数字上下相乘得结果。

2. **第二位**：第一、二列数字交叉相乘，然后所得的积相加，得到结果。

3. **第三位**：第一、二、三列数字交叉相乘，积相加，得到结果。

4. **第四位**：第一、二、三、四列数字交叉相乘，积相加，得到结果。

5. **第五位**：第一、二、三、四、五列数字交叉相乘，积相加，得到结果。

6. **第六位**：第一、二、三、四、五、六列数字交叉相乘，积相加，得到结果。

7. **第七位**：第一、二、三、四、五、六、七列数字交叉相乘，积相加，得到结果。

8. **第八位**：第一、二、三、四、五、六、七、八列数字交叉相乘，积相加得到结果。

9. **第九位**：第二、三、四、五、六、七、八列数字交叉相乘，积相加，得到结果。

10. **第十位**：第三、四、五、六、七、八列数字交叉相乘，积相加，得到结果。

11. **第十一位**：第四、五、六、七、八列数字交叉相乘，积相加，得到结果。

12. **第十二位**：第五、六、七、八列数字交叉相乘，积相加，得到结果。

13. **第十三位**：第六、七、八列数字交叉相乘，积相加，得到结果。

14. **第十四位**：第七、八列数字交叉相乘，积相加，得到结果。

15. **第十五位**：第八列数字上下相乘，积相加，得到结果。

如下图表示（从右到左，标有步骤及对应数位）：

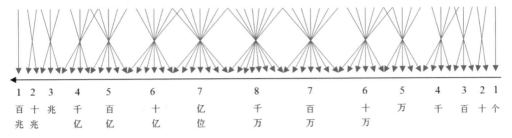

1	2	3	4	5	6	7	8	7	6	5	4	3	2	1
百	十	兆	千	百	十	亿	千	百	十	万	千	百	十	个
兆	兆		亿	亿	亿	位	万	万	万					

详细解释即：

1. **结果1**：个位结果等于个位相乘，1个步骤，用1条竖箭头表示。

2. **结果2**：十位结果等于个位与十位交叉相乘，它们的积相加，计算过程是2个步骤，用2条箭头交叉线表示。

3. **结果3**：百位结果等于所有的十位与十位、个位与百位交叉相乘，计算过程是3个步骤，用3条箭头竖线表示。

4. **结果4**：千位结果等于所有的千位与个位、百位与十位交叉相乘，结算过程是4个步骤，用4条箭头竖线表示。

5. **结果5**：万位结果等于所有的万位与个位、千位与十位、百位与百位交叉相乘，计算过程是5个步骤，用5条箭头竖线表示。

6. **结果6**：十万位结果等于所有的十万位与个位、万位与十位、千位与百位交叉相乘，计算过程是6个步骤，用6条箭头竖线表示。

7. **结果7**：百万位结果等于所有的百万位与个位、十万位与十位、万位与百位、千位与千位相乘，计算过程是7个步骤，用7条箭头竖线表示。

8. **结果8**：千万位结果等于所有的千万位与个位、百万位与十位、十万位与百位、万位与千位交叉相乘，计算过程是8个步骤，用8条箭头竖线表示。

9. **结果9**：亿位结果等于所有的千万位与十位、百万位与百位、十万位与千位、万位与万位交叉相乘，计算过程是7个步骤，用7条箭头竖线表示。

10. **结果10**：十亿位结果等于所有的千万位与百位、百万位与千位、十万位与万位交叉相乘，计算过程是6个步骤，用6条箭头竖线表示。

11. **结果11**：百亿位结果等于所有的千万位与千位、百万位与万位、十万位与十万位交叉相乘，计算过程是5个步骤，用5条箭头竖线表示。

12. **结果12**：千亿位结果等于所有的千万位与万位、百万位与十万位交叉相乘，计算过程是4个步骤，用4条箭头竖线表示。

13. **结果13**：兆位结果等于所有的千万位与十万位、百万位与百万位交叉相乘，计算过程是3个步骤，用3条箭头竖线表示。

14. **结果 14**：十兆位结果等于所有的千万位与百万位交叉相乘，计算过程是2个步骤，用2条箭头竖线表示。

15. **结果 15**：百亿位结果等于所有的千万位与千万位上下相乘，计算过程是1个步骤，用1条箭头竖线表示。

遇到进位，与传统乘法一致，等于或大于 10 的结果，往前进位。

二、七、八位数乘法的应用

为了方便演示计算的法则过程，选取例子一般以比较简单的数字为主。注：从该例题开始，请读者自行填写完成计算的各个过程，例题将由你来书写。

例1　计算 10101010×1101010 = ？

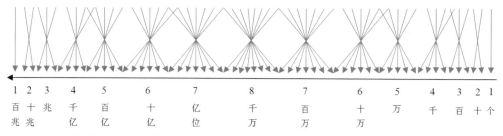

根据八位数相乘（88）法则图计算：

通过加"0"，得到算式 10101010×01101010，分解过程，第一步得：

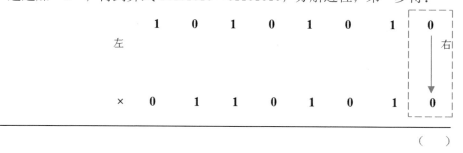

　　　　　　　　　　　　　　　　　　　　　　　　（　　）

第二步计算得：

　　　　　　　　　　　　　　　　　　　　　　　　（　　）

第三步计算得：

$$
\begin{array}{r}
1 \quad 0 \quad 1 \quad 0 \quad 1 \\
\text{左} \\
\times \quad 0 \quad 1 \quad 1 \quad 0 \quad 1
\end{array}
$$

（　　）

第四步计算得：

$$
\begin{array}{r}
1 \quad 0 \quad 1 \quad 0 \\
\text{左} \\
\times \quad 0 \quad 1 \quad 1 \quad 0
\end{array}
$$

（　　）

第五步计算得：

$$
\begin{array}{r}
1 \quad 0 \quad 1 \\
\text{左} \\
\times \quad 0 \quad 1 \quad 1
\end{array}
$$

（　　）

第六步计算得：

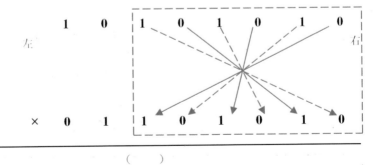

（　　）

第七步计算得：

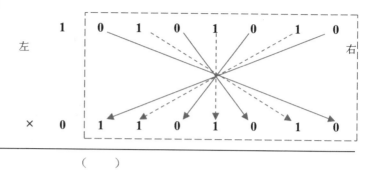

（　　）

第八步计算得：

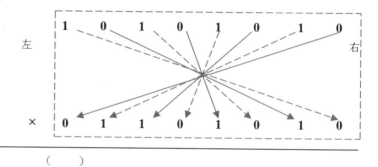

（　　）

第九步计算得：

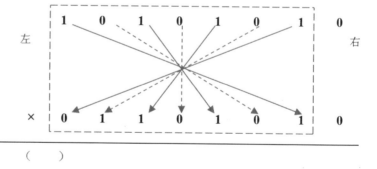

（　　）

第十步计算得：

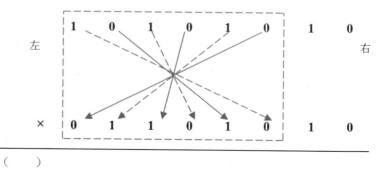

（　　）

第十一步计算得：

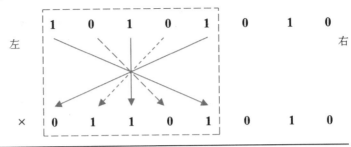

（　　）

第十二步计算得：

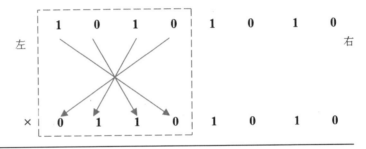

（　　）

第十三步计算得：

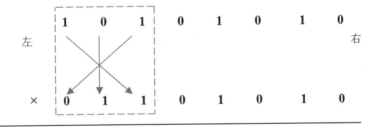

（　　）

第十四步计算得：

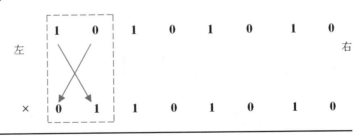

（　　）

第十五步计算得：

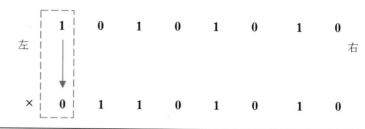

（　　）

因此，计算结果为（　　　）。

例2　计算 20202020 × 2202020 = ？

根据八位数相乘（88）法则图计算：

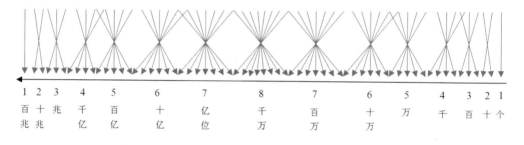

1	2	3	4	5	6	7	8	7	6	5	4	3	2	1
百兆	十兆	兆	千亿	百亿	十亿	亿位	千万	百万	十万	万	千	百	十	个

通过加"0"，得到算式 20202020 × 02202020，分解过程，第一步至第五步计算得：

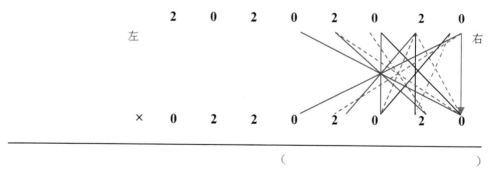

（　　　　　　　　）

对应线路：

（五）　（四）　（三）　（二）　（一）

第六步至第十步计算得：

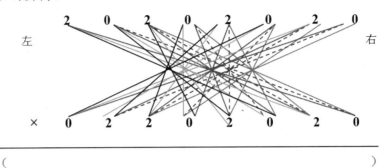

（   ）

提示： 虚线计算为第七步，即

$0×2+2×2+0×0+2×2+0×0+2×2+0×0=12$，注意往前进一位。

提示： 橙色实线（如下图示）为第九步，即

$2×0+0×2+2×2+0×0+2×2+0×0+2×2=12$，往前进一位。

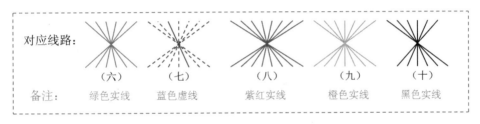

对应线路：

（六）　（七）　（八）　（九）　（十）

备注：　绿色实线　蓝色虚线　紫红实线　橙色实线　黑色实线

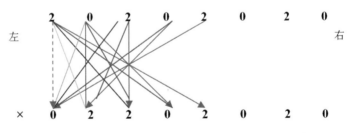

（   ）

第十一步至第十五步计算得：

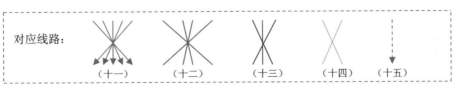

对应线路：

（十一）　（十二）　（十三）　（十四）　（十五）

提示： 第十二步为 $0×0+2×2+0×2+2×0=4$。

因此，计算结果为（   ）。

例3　计算 11110000×2221111 ＝？

根据八位数相乘（88）法则图计算：

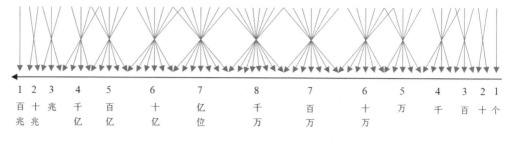

1	2	3	4	5	6	7	8	7	6	5	4	3	2	1
百兆	十兆	兆	千亿	百亿	十亿	亿位	千万	百万	十万	万	千	百	十	个

计算得：

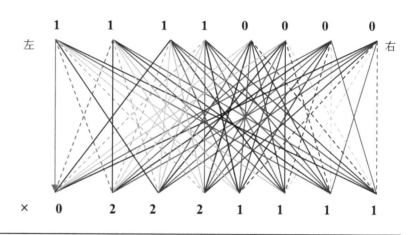

提示各类颜色对应步骤线条：

第一步为：绿色虚线

第二步为：绿色实线

第三步为：天蓝虚线

第四步为：蓝色虚线

第五步为：褐色实线

第六步为：蓝色实线

第八步为：黑色实线

第九步为：紫红实线

第十步为：嫩绿实线

第十一步为：金色实线

第十二步为：紫色虚线

第十三步为：深蓝实线

第十四步为：浅蓝虚线

第十五步为：橙色实线

结果为（　　　　　　　　）。

练习

1. 填空题。下列算式中第八步计算算式为（使用线条表示）：

$$\begin{array}{r} 1\quad1\quad1\quad1\quad0\quad0\quad0\quad1 \\ \times\ 0\quad2\quad3\quad2\quad0\quad1\quad0\quad1 \\ \hline \end{array}$$

左　　　　　　　　　　　　　　　　右

2. 计算下列算式：

（1）11112222×1001001=

（2）90001222×1001009=

3. 选做题。列式计算下列乘法。

（1）99999999×9999999=

（2）1313131×11111111=

（3）3333333×33333333=

（4）5555555×55555555=

（5）7777777×77777777=

（6）1111111×33333333=

（7）7777777×77777777=

（8）1111111×33333333=

（9）7000007×12345678=

（10）1234567×12345678=

第十六章 九位数相乘

九位数相乘（简写为99）的原理与八位数相乘类似，但是算式也将更为繁杂。本章开始讲解九位数相乘（99）的内容。关于九位数相乘（99）的计算法则符号图在第二章已经介绍过，下面直接讲解。

一、九位数相乘的原理

九位数相乘，步骤是12345678987654321，计算的原理是：（从右边至左开始）

1. **第一位**：第一列数字上下相乘得结果。

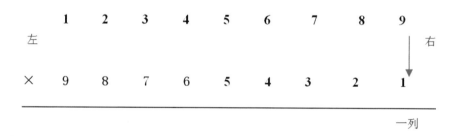

2. **第二位**：第一、二列数字交叉相乘，然后所得的积相加，得到结果。

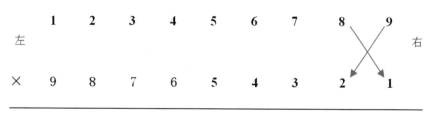

3. 第三位：第一、二、三列数字交叉相乘，积相加，得到结果。

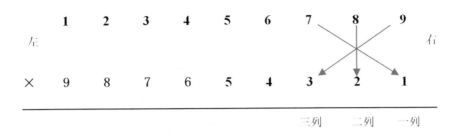

4. 第四位：第一、二、三、四列数字交叉相乘，积相加，得到结果。

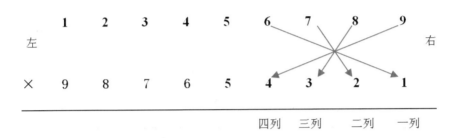

5. 第五位：第一、二、三、四、五列数字交叉相乘，积相加，得到结果。

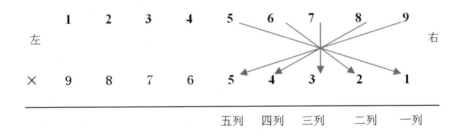

6. 第六位：第一、二、三、四、五、六列数字交叉相乘，积相加，得到结果。

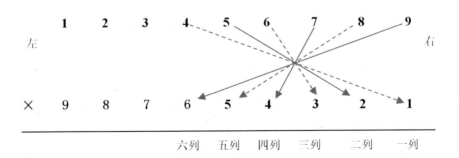

115

7. **第七位：** 第一、二、三、四、五、六、七列数字交叉相乘，积相加，得到结果。

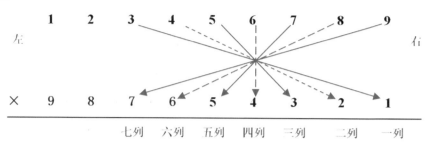

8. **第八位：** 第一、二、三、四、五、六、七、八列数字交叉相乘，积相加，得到结果。

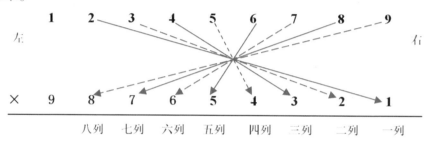

9. **第九位：** 第一、二、三、四、五、六、七、八、九列数字交叉相乘，积相加，得到结果。

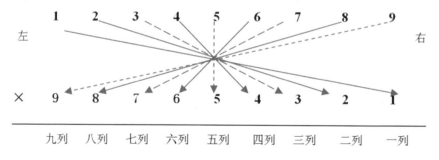

10. **第十位：** 第二、三、四、五、六、七、八、九列数字交叉相乘，积相加得到结果。

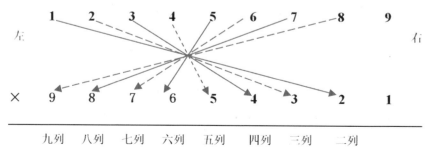

11. 第十一位： 第三、四、五、六、七、八、九列数字交叉相乘，积相加，得到结果。

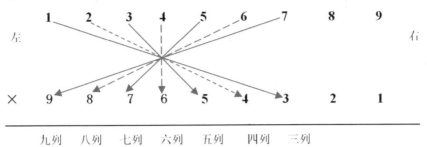

12. 第十二位： 第四、五、六、七、八、九列数字交叉相乘，积相加，得到结果。

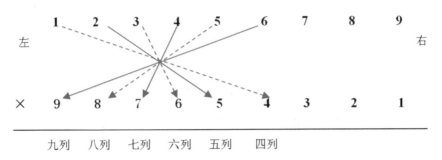

13. 第十三位： 第五、六、七、八、九列数字交叉相乘，积相加，得到结果。

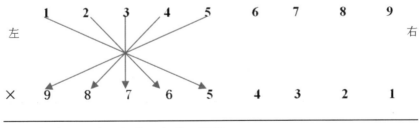

14. 第十四位： 第六、七、八、九列数字交叉相乘，积相加，得到结果。

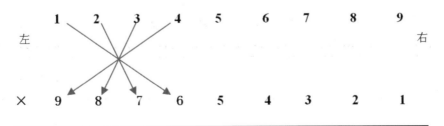

15. **第十五位**：第七、八、九列数字交叉相乘，积相加，得到结果。

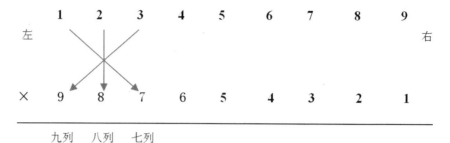

16. **第十六位**：第八、九列数字交叉相乘，积相加，得到结果。

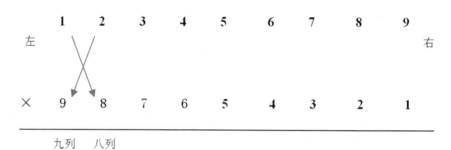

17. **第十七位**：第九列数字上下相乘，得到结果。

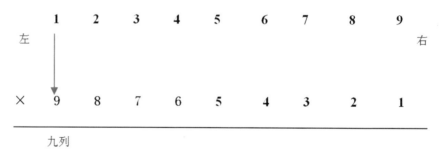

如下图表示(从右到左,每个步骤对应的计算次数及位数,位数部分有省略)：

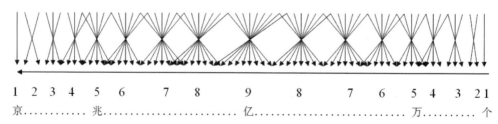

详细解释即：

1. **结果1：**个位结果等于个位相乘，是1个步骤，用1条竖箭头表示。

2. **结果2：**十位结果等于个位与十位交叉相乘，它们的积相加，计算过程是2个步骤，用2条箭头交叉线表示。

3. **结果3：**百位结果等于所有的十位与十位、个位与百位交叉相乘，计算过程是3个步骤，用3条箭头交叉线表示。

4. **结果4：**千位结果等于所有的千位与个位、百位与十位交叉相乘，计算过程是4个步骤，用4条箭头交叉线表示。

5. **结果5：**万位结果等于所有的万位与个位、千位与十位、百位与百位交叉相乘，计算过程是5个步骤，用5条箭头交叉线表示。

6. **结果6：**十万位结果等于所有的十万位与个位、万位与十位、千位与百位交叉相乘，计算过程是6个步骤，用6条箭头交叉线表示。

7. **结果7：**百万位结果等于所有的百万位与个位、十万位与十位、万位与百位、千位与千位相乘，计算过程是7个步骤，用7条箭头交叉线表示。

8. **结果8：**千万位结果等于所有的千万位与个位、百万位与十位、十万位与百位、万位与千位交叉相乘，计算过程是8个步骤，用8条箭头交叉线表示。

9. **结果9：**亿位结果等于所有的兆位与个位、千万位与十位、百万位与百位、十万位与千位、万位与万位交叉相乘，计算过程是9个步骤，用9条箭头交叉线表示。

10. **结果10：**十亿位结果等于所有的兆位与十位、千万位与百位、百万位与千位、十万位与万位交叉相乘，计算过程是8个步骤，用8条箭头交叉线表示。

11. **结果11：**百亿位结果等于所有的兆位与百位、千万位与千位、百万位与万位、十万位与十万位交叉相乘，计算过程是7个步骤，用7条箭头交叉线表示。

12. **结果12：**千亿位结果等于所有的兆位与千位、千万位与万位、百万位与十万位交叉相乘，计算过程是6个步骤，用6条箭头交叉线表示。

13. **结果13：**兆位结果等于所有的兆位与万位、千万位与十万位、百万位与百万位交叉相乘，计算过程是5个步骤，用5条箭头交叉线表示。

14. **结果14：**十兆位结果等于所有的兆位与十万、千万位与百万位交叉相乘，计算过程是4个步骤，用4条箭头交叉线表示。

15. **结果15：**百兆位结果等于所有的兆位与百万位、千万位与千万位交叉相乘，计算过程是3个步骤，用3条箭头交叉线表示。

16. **结果16：**千兆位结果等于所有的兆位与千万位交叉相乘，计算过程是2个步骤，用2条箭头交叉线表示。

17. 结果 17：京位结果等于兆位与兆位上下相乘，计算过程是 1 个步骤，用 1 条箭头竖线表示。

遇到进位，与传统乘法一致，等于或大于 10 的结果，往前进位（具体进多少位，视实际情形而定）。

二、九位数乘法的应用

以下列举不同的数字演示该法则的应用。

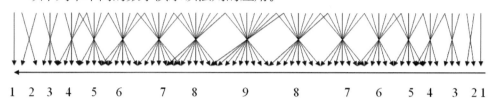

例 1　计算 111111111×999999999

依据法则图计算：

第一步计算得：

第二步计算得：结果为 18，往前进一位"1"

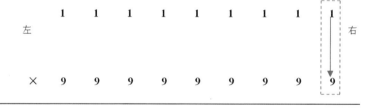

第三步计算得：结果为 27，加前一步的进位得 28，则进位为"2"

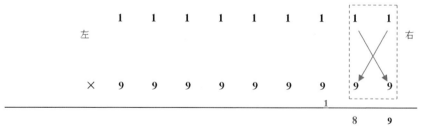

第四步计算得：结果为 36，加前一步的进位得 38，则进位为"3"

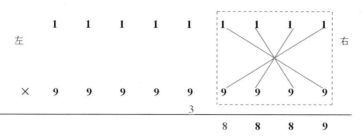

第五步计算得：结果为 45，加前一步的进位得 48，则进位为"4"

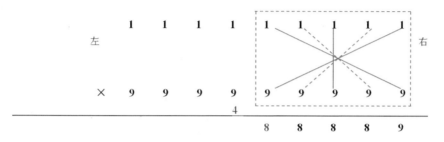

第六步计算得：结果为 54，加前一步的进位得 58，则进位为"5"

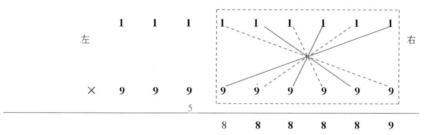

第七步计算得：结果为 63，加前一步的进位得 68，则进位为"6"

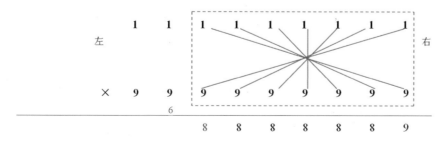

第八步计算得：结果为 72，加前一步的进位得 78，则进位为"7"

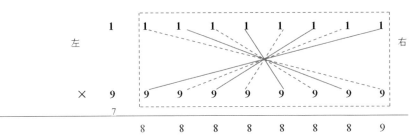

第九步计算得：结果为 81，加前一步的进位得 88，则进位为"8"

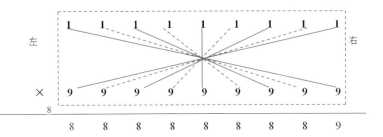

第十步计算得：结果为 72，加前一步的进位得 80，则进位为"8"

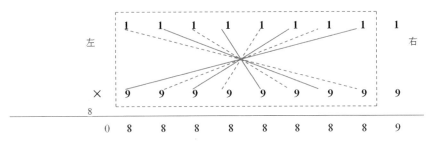

第十一步计算得：结果为 63，加前一步的进位得 71，则进位为"7"

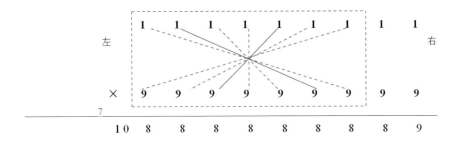

第十二步计算得：结果为54，加前一步的进位得61，则进位为"6"

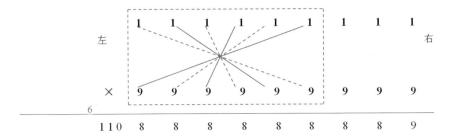

第十三步计算得：结果为45，加前一步的进位得51，则进位为"5"

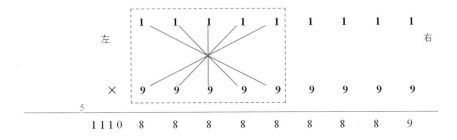

第十四步计算得：结果为36，加前一步的进位得41，则进位为"4"

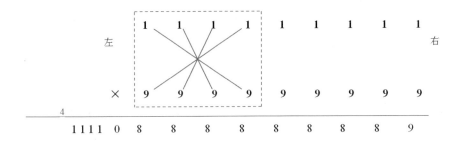

第十五步计算得：结果为27，加前一步的进位得31，则进位为"3"

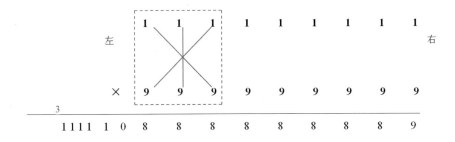

第十六步计算得：结果为 18，加前一步的进位得 21，则进位为"2"

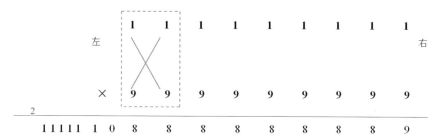

第十七步计算得：结果为 9，加前一步的进位得 11，则进位为"1"

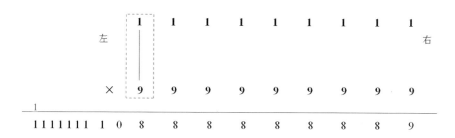

因为结果为 111111110888888889。

例 2　计算 123456789×987654321＝？

根据乘法法则图计算：

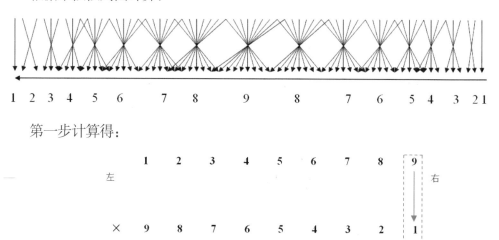

第一步计算得：

第二步计算得：$2 \times 9 + 1 \times 8 = 26$，向前进位为"2"

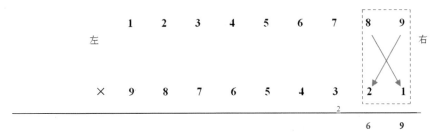

第三步计算得：$9 \times 3 + 8 \times 2 + 7 \times 1 = 27 + 16 + 7 = 50$，加前一步的进位得52，进位为"5"

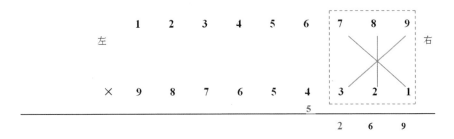

第四步计算得：$4 \times 9 + 8 \times 3 + 7 \times 2 + 6 \times 1 = 36 + 24 + 14 + 6 = 80$，加前一步进位得85，进位为"8"

第五步计算得：$45 + 32 + 21 + 12 + 5 = 115$，加前步进位得123，进位为"12"

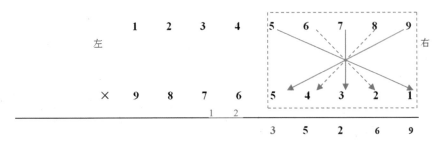

第六步计算得：54+40+28+18+10+4=154，加前步进位得166，进位为"16"

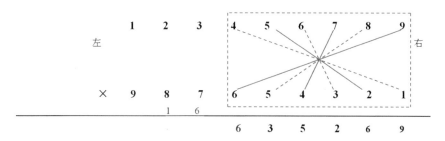

第七步计算得：63+48+35+24+15+8+3=196，加前步进位得212，进位为"21"

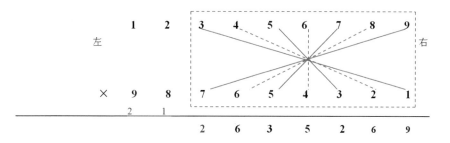

第八步计算得：72+56+42+30+20+12+6+2=240，加前步进位得261，进位为"26"

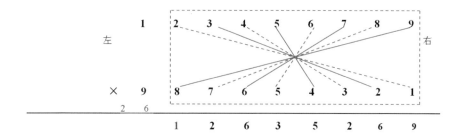

第九步计算：81+64+49+36+25+16+9+4+1=285，加前步进位得311，进位为"31"

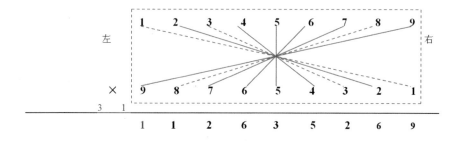

第十步计算：72+56+42+30+20+12+6+2=240，加前步进位得271，进位为"27"

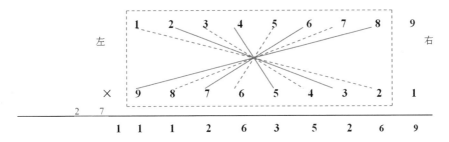

第十一步计算：63+48+35+24+15+8+3=196，加前步进位得223，进位为"22"

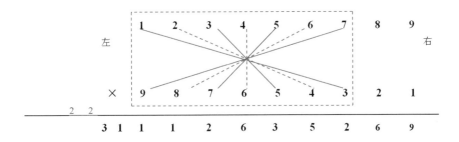

第十二步计算：54+40+28+18+10+4=154，加前步进位得176，进位为"17"

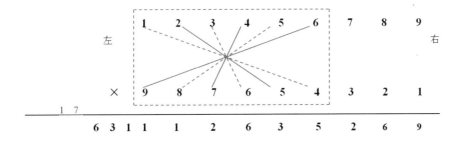

第十三步计算：45+32+21+12+5=115，加前步进位得132，进位为"13"

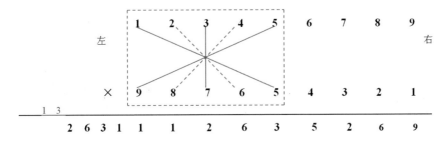

第十四步计算：36+24+14+6=80，加前步进位得93，进位为"9"

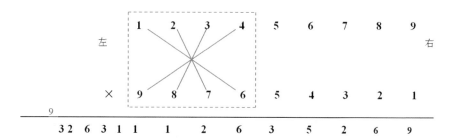

第十五步计算：27+16+7=50，加前步进位得59，进位为"5"

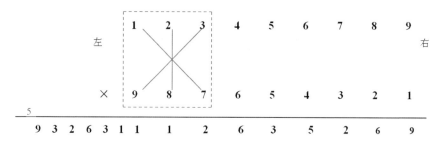

第十六步计算：18+8=26，加前步进位得31，进位为"3"

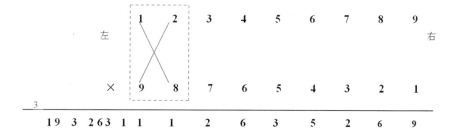

第十七步计算：1×9=9，加前步进位得12，进位为"1"

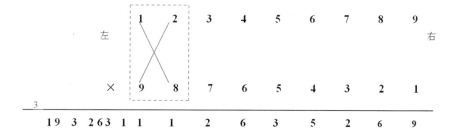

因此，结果为121932631112635269。

例 3 计算 111111111 × 111111111 ＝？

此算式比较简单，主要是为了集中计算，看到整个过程的法则图形。

根据乘法法则图计算：

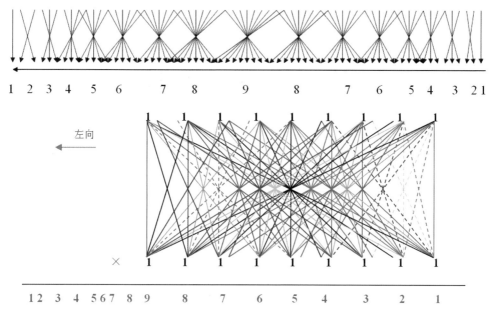

因此，计算结果为 12345678987654321。

附演算过程的交点图：

练习

1. 思考题。

(1) 对照例 3，发现法则符号图与实际演算过程的交点图有什么区别？

(2) 九位数乘法的演算过程，从左到右演算的过程，各位数互相交叉相乘的顺序改变位置有怎样的特点？

(3) 总结两位数相乘（22）到九位数相乘（99）的法则步骤，发现了什么规律？

2. 计算题。

(1) 计算 111111111×222222222=   (2) 计算 222222222×333333333=

第十七章 八、九位相乘

八、九位数相乘（简写为89）的原理与九位数相乘类似，通过"补0"法计算。关于九位数相乘（99）的计算法则符号图在前一章已经介绍过，下面直接讲解。

一、八、九位数相乘的原理

八、九位数相乘（89），首先是把八位数前面加"0"，成为九位数，然后再按照九位数相乘的法则进行运算。九位数相乘的步骤是 12345678987654321，计算的原理是：（从右至左开始）

1. **第一位**：第一列数字上下相乘得结果。

2. **第二位**：第一、二列数字交叉相乘，然后所得的积相加，得到结果。

3. **第三位**：第一、二、三列数字交叉相乘，积相加，得到结果。

4. **第四位**：第一、二、三、四列数字交叉相乘，积相加，得到结果。

5. **第五位**：第一、二、三、四、五列数字交叉相乘，积相加，得到结果。

6. **第六位**：第一、二、三、四、五、六列数字交叉相乘，积相加，得到结果。

7. **第七位**：第一、二、三、四、五、六、七列数字交叉相乘，积相加，得到结果。

8. **第八位**：第一、二、三、四、五、六、七、八列数字交叉相乘，积相加得结果。

9. **第九位**：第一、二、三、四、五、六、七、八、九列数字交叉相乘，积相加，得到结果。

10. **第十位**：第二、三、四、五、六、七、八、九列数字交叉相乘，积相加，得到结果。

11. **第十一位**：第三、四、五、六、七、八、九列数字交叉相乘，积相加，得到结果。

12. **第十二位**：第四、五、六、七、八、九列数字交叉相乘，积相加，得到结果。

13. **第十三位**：第五、六、七、八、九列数字交叉相乘，积相加，得到结果。

14. **第十四位**：第六、七、八、九列数字交叉相乘，积相加，得到结果。

15. **第十五位**：第七、八、九列数字交叉相乘，积相加，得到结果。

16. **第十六位**：第八、九列数字交叉相乘，积相加，得到结果。

17. **第十七位**：第九列数字上下相乘，得到结果。

如下图表示（从右到左，每个步骤对应的计算次数及位数，位数部分有省略）：

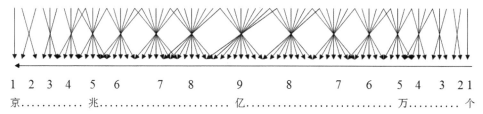

1 2 3 4　5　6　　7　8　　9　　8　　7　6　5 4 3 2 1
京…………兆………………………亿………………………万………个

详细解释即：

1. **结果 1：** 个位结果等于个位相乘，1 个步骤，用 1 条竖箭头表示。

2. **结果 2：** 十位结果等于个位与十位交叉相乘，它们的积相加，计算过程是 2 个步骤，用 2 条箭头交叉线表示。

3. **结果 3：** 百位结果等于所有的十位与十位、个位与百位交叉相乘，计算过程是 3 个步骤，用 3 条箭头交叉线表示。

4. **结果 4：** 千位结果等于所有的千位与个位、百位与十位交叉相乘，计算过程是 4 个步骤，用 4 条箭头交叉线表示。

5. **结果 5：** 万位结果等于所有的万位与个位、千位与十位、百位与百位交叉相乘，计算过程是 5 个步骤，用 5 条箭头交叉线表示。

6. **结果 6：** 十万位结果等于所有的十万位与个位、万位与十位、千位与百位交叉相乘，计算过程是 6 个步骤，用 6 条箭头交叉线表示。

7. **结果 7：** 百万位结果等于所有的百万位与个位、十万位与十位、万位与百位、千位与千位相乘，计算过程是 7 个步骤，用 7 条箭头交叉线表示。

8. **结果 8：** 千万位结果等于所有的千万位与个位、百万位与十位、十万位与百位、万位与千位交叉相乘，计算过程是 8 个步骤，用 8 条箭头交叉线表示。

9. **结果 9：** 亿位结果等于所有的兆位与个位、千万位与十位、百万位与百位、十万位与千位、万位与万位交叉相乘，计算过程是 9 个步骤，用 9 条箭头交叉线表示。

10. **结果 10：** 十亿位结果等于所有的兆位与十位、千万位与百位、百万位与千位、十万位与万位交叉相乘，计算过程是 8 个步骤，用 8 条箭头交叉线表示。

11. **结果 11：** 百亿位结果等于所有的兆位与百位、千万位与千位、百万位与万位、十万位与十万位交叉相乘,计算过程是7个步骤,用7条箭头交叉线表示。

12. 结果12:千亿位结果等于所有的兆位与千位、千万位与万位、百万位与十万位交叉相乘,计算过程是6个步骤,用6条箭头交叉线表示。

13. 结果13:兆位结果等于所有的兆位与万位、千万位与十万位、百万位与百万位交叉相乘,计算过程是5个步骤,用5条箭头交叉线表示。

14. 结果14:十兆位结果等于所有的兆位与十万、千万位与百万位交叉相乘,计算过程是4个步骤,用4条箭头交叉线表示。

15. 结果15:百兆位结果等于所有的兆位与百万位、千万位与千万位交叉相乘,计算过程是3个步骤,用3条箭头交叉线表示。

16. 结果16:千兆位结果等于所有的兆位与千万位交叉相乘,计算过程是2个步骤,用2条箭头交叉线表示。

17. 结果17:京位结果等于兆位与兆位上下相乘,计算过程是1个步骤,用1条箭头竖线表示。

遇到进位,与传统乘法一致,等于或大于10的结果,往前进位(具体进多少位,视实际情形而定)。

二、八、九位数乘法的应用

以下列举简单的数字演示该法则的应用。

例1 计算 $10101010 \times 222222222 = ?$

先把八位数10101010补"0",变成九位数的010101010,然后按九位数相乘计算:

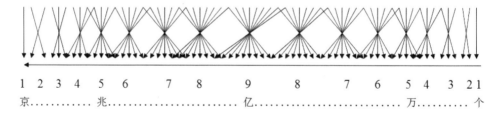

| 1 | 2 | 3 | 4 | 5 | 6 | 7 | 8 | 9 | 8 | 7 | 6 | 5 | 4 | 3 | 2 | 1 |
| 京 | ········· | 兆 | | | | | | 亿 | ········· | | | | 万 | ········· | | 个 |

分解过程,第一到第六步计算得:

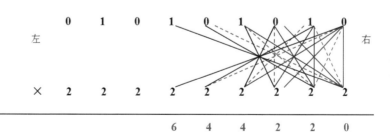

第七到第八步计算得：

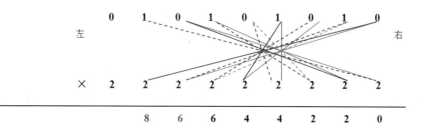

第九步计算得：

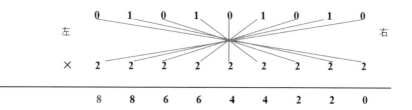

第十步至十二步计算得：

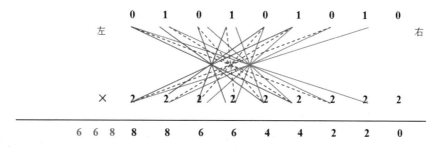

第十三步至十七步计算得：

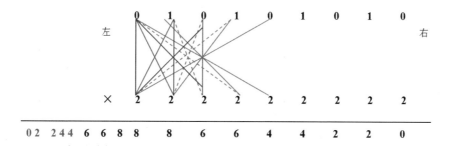

计算结果为 2244668886644220。

例2 计算 $111111111 \times 22222222 = ?$

先把 22222222 写成九位数 022222222，然后按照九位数相乘法则计算。其法则步骤图如下：

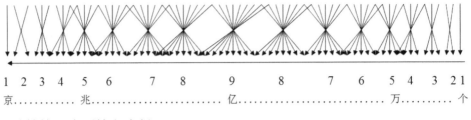

| 1 | 2 | 3 | 4 | 5 | 6 | 7 | 8 | 9 | 8 | 7 | 6 | 5 | 4 | 3 | 2 | 1 |

京..........兆..........亿..........万..........个

计算第一步至第七步得：

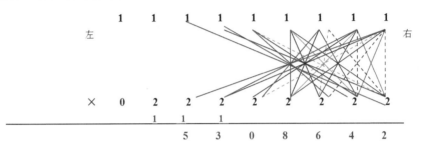

计算第八步至第十二步得：

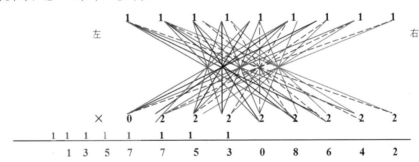

第十三步至十七步计算得：

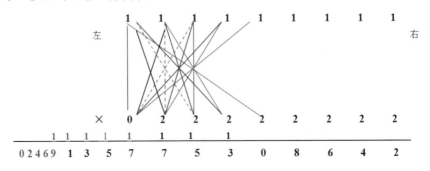

因此，结果为 2469135775308642。

练习

1. 判断对错。

(1) 计算八、九位数乘法 (89) 时，可以把算式 101010100×22222222 换成算式： 0101010100×22222222。　　　　　　　　　(　　)

(2) 计算八、九位数乘法 (89) 时，可以使用八位数乘法 (88) 的法则步骤。

　　　　　　　　　　　　　　　　　　　　　(　　)

(3) 八、九位乘法 (89) 跟六、七位乘法的基本原理一致，即"补 0 法"。

　　　　　　　　　　　　　　　　　　　　　(　　)

2. 计算题。

(1) 请在下面算式中把 22222222×101010101 的结果计算出来：

	0	**2**	**2**	**2**	**2**	**2**	**2**	**2**	**2**	
左										右
×	**1**	**0**	**1**	**0**	**1**	**0**	**1**	**0**	**1**	

(2) 请在下面算式中把 100000001×99999999 的结果计算出来：

	1	**0**	**0**	**0**	**0**	**0**	**0**	**0**	**1**	
左										右
×	**0**	**9**	**9**	**9**	**9**	**9**	**9**	**9**	**9**	

(3) 自行列式计算：101010101×50505050=

(4) 自行列式计算：202020202×30303030=

第十八章 N位数相乘

我们已经学了相同位数相乘的乘法，比较全面地了解了第二种乘法的原理和应用。但是，如果是两位数和五位数相乘呢？比如三位数和九位数相乘呢？还有超过九位数以上的大数据呢？是否还可以继续应用以上法则呢？答案是肯定的。本章先讨论其他零散类型例子，再探讨 n 位数相乘的规律。

一、不同位数相乘的应用

前面重点讲解的乘法位数，都是比较接近和相同位数的类型，即位数比较理想的类型，而对于一些位数不接近甚至零散的乘法算式，又是如何计算呢？其实计算仍然是采取"补 0"法进行。具体方式我们选取部分例子讲解。

1. 两位数与七位数相乘

例 计算 $22 \times 2222222 = ?$

以最大数的位数为准，把两位数的 22 补"0"，成为七位数的"0000022"，根据七位数相乘（77）法则合并计算如下：

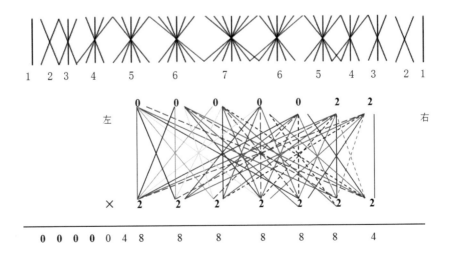

因此，结果为 48888884。

其实，本题在第九步开始，结果都为 0，因此其实后面的步骤是可以省略的，只是本题为演示过程，因此写出，如果省略后面五个步骤，则过程如下：

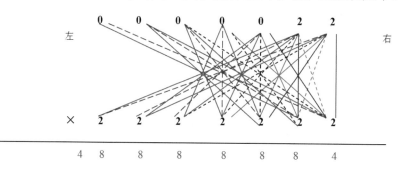

小结： 如果遇到两位数与七位数相乘，则把两位数通过"加 0 法"变为七位数，然后根据七位数相乘的法则计算即可。

而加"0"后的步骤计算的结果都为"0"，则后面的步骤可以省略不计。

2. 两位数与八位数相乘

两位数与八位数相乘的方法也是通过加"0"法，即把两位数前面加"0"，使它变成八位数，然后根据八位数相乘（88）法则进行计算。为了方便计算，以下加"0"部分的计算结果为"0"，则省略这些过程描述。

例 计算 $33 \times 11112222 = ?$

首先通过加"0"，使两位数成为八位数，即 00000033，然后依照八位数相乘的法则进行计算。为简便，最后为"0"的无意义结果省略不计。

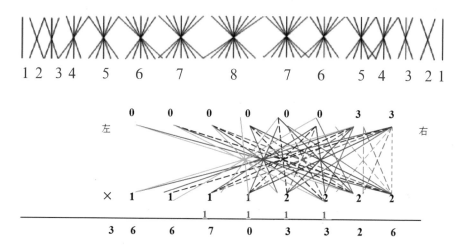

3. 三位数与六位数相乘

三位数为最小数,按照"补0"法,补"0"后成为了六位数,依照六位数相乘(66)法则计算,即可得结果。

例　计算 $333 \times 111111 = ?$

按照六位数相乘(66)的法则图计算

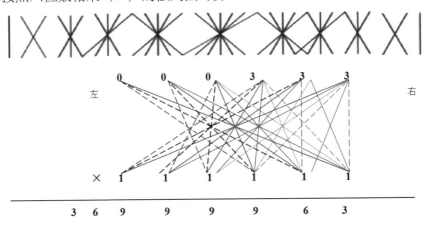

4. 三位数与七位数相乘

三位数为最小数,按照"补0"法,补"0"后成为七位数,按照七位数相乘。

例　计算 $333 \times 1010101 = ?$

按照七位数相乘(77)的法则图计算

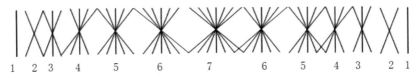

计算过程如下:

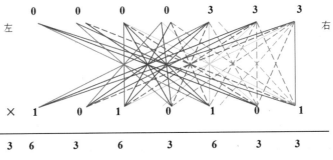

计算结果为336363633。

5. 四位数与九位数相乘

四位数为最小数，按照"补 0"法，补"0"后成为九位数，按九位数相乘。

例　计算 $3333 \times 101010101 = ?$

通过补"0"，3333 变为九位数"000003333"，按照九位数相乘（99）法则图计算

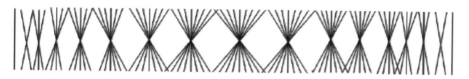

计算过程如下：

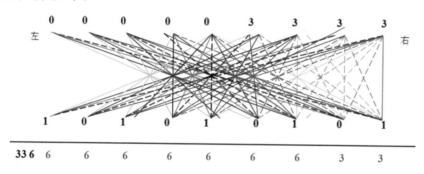

计算结果为 336666666633。

6. 五位数与九位数相乘

因为五位数为最小数，按照"补 0"法，补"0"后成为九位数，依照九位数相乘（99）法则计算，即可得结果。

例　计算 $101010101 \times 55555 = ?$

根据补"0"法，在 55555 前面加"0"，使之成为九位数"000055555"，依据九位数相乘法则图

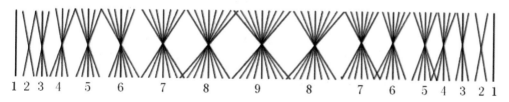

计算过程得：

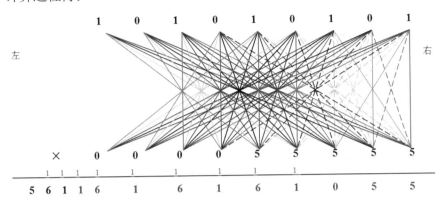

计算结果为 5611616161055。

二、N位数相乘的乘法法则

在之前的章节，我们基本讲解了各种类型的乘法，现在扩展为所有位数的乘法规律。我们用字母"n"代表所有的位数，即用"nn"代表 n 位数与 n 位数相乘，为了讲解方便，特定假设 n 位数是相同数目的情况下相乘。

那么，第二章列举的乘法法则表《二至九位数字相乘的法则符号》，在这里就重新设计为 n 位数相乘（nn）的乘法法则图。

为了更直观了解其中蕴含的规律，我们把一位数与一位数相乘也计入其中，如此可以观察一位数相乘（11）到九位数相乘（99）的变化法则，列表如下：

表 15-1　一至九位数相乘的法则计算步骤表

相乘位数	规则符号
一位数（11）	1
两位数（22）	1 2 1
三位数（33）	1 2 3 2 1
四位数（44）	1 2 3 4 3 2 1
五位数（55）	1 2 3 4 5 4 3 2 1
六位数（66）	1 2 3 4 5 6 5 4 3 2 1
七位数（77）	1 2 3 4 5 6 7 6 5 4 3 2 1
八位数（88）	1 2 3 4 5 6 7 8 7 6 5 4 3 2 1
九位数（99）	1 2 3 4 5 6 7 8 9 8 7 6 5 4 3 2 1

注：为了研究方便，把一位数相乘也计入表中。

从上表可以观察到一种现象，相乘的位数代表了运算过程中最多的计算步骤，然后两边依次有序递减，递减数目一致。如九位数相乘（99），则中间最高运算步骤为9，从9开始，左右递减相同，都是8、7、6、5、4、3、2、1。那么，则可以推测出，n位数相乘，其中间最高运算步骤为n，然后从n开始，逐渐递减为n-1,n-2,n-3…直到最后一位。

如假设n是大于10的数字，则得到n位数相乘（nn）的计算步骤为：

1，2，3，4，5，6，7，8，9…n-2，n-1，n，n-1，n-2…9，8，7，6，5，4，3，2，1。

那么，其步骤的符号法则图则可表示如下：

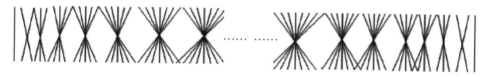

所以，第二种乘法计算的法则图及步骤，都可以增加入n位数的普遍适用法则了。由于本书以介绍乘法为主，至于n位数相乘的法则证明，则一律省略，有兴趣验证的读者可以自行进行推导。

原则上，二三位数相乘（23）、三四位数相乘（34）、四五位数相乘（45）、五六位数相乘（56）、六七位数相乘…n(n+1)位数相乘也是有规律可循的。

先总结相同位数的规律，然后咱们再讨论相邻位数的乘法规律。

由以上推导可以知道，1至n位数相乘的法则步骤表有：

表15-2 一至 n 位数相乘的法则计算步骤表

相乘位数	规则符号
一位数（11）	1
两位数（22）	1 2 1
三位数（33）	1 2 3 2 1
四位数（44）	1 2 3 4 3 2 1
五位数（55）	1 2 3 4 5 4 3 2 1
六位数（66）	1 2 3 4 5 6 5 4 3 2 1
七位数（77）	1 2 3 4 5 6 7 6 5 4 3 2 1
八位数（88）	1 2 3 4 5 6 7 8 7 6 5 4 3 2 1
九位数（99）	1 2 3 4 5 6 7 8 9 8 7 6 5 4 3 2 1
…	…
n位数（nn）	1，2，3，4，5，… n-2，n-1，n，n-1，n-2 … 5，4，3，2，1

注：为了研究方便，把一位数相乘也计入表中。

表 15-3　一至 n 位数字相乘的法则符号

相乘位数	规则符号
一位数（11）	
两位数（22）	
三位数（33）	
四位数（44）	
五位数（55）	
六位数（66）	
七位数（77）	
八位数（88）	
九位数（99）	
n 位数（nn）	

注：中间部分省略，以"…"表示。

三、相邻位数相乘的现象探讨

为了更深入理解 n 位数相乘的法则，下面我们继续探讨一下 n 位数与相邻的 n+1 位数相乘的算式规律。而之前我们采取了加"0"法运算，虽然是比较普遍的方法，但是对于相邻的乘法，其本身也有一套系统的法则存在。以下乘法左右顺序一律如前，不再另外提示。

1. 两、三位数相乘的法则

两、三位数相乘就是指两位数乘以三位数（简写为 23），不用加"0"方法，直接计算即可，然后我们通过计算过程发现其法则。

例 1　计算 $23 \times 313 = ?$

计算时，我们仍然按照三位数相乘的方式计算：

计算如下：

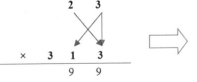 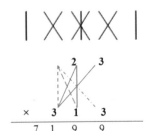

注： 由于第三步计算中，23 比 313 少了一位，因此省略第三步的一个步骤。同样第四步也省略一个计算步骤，第五步省略。

合并结果为：

抽取计算的各个步骤线条得到：

整理得：

经过验算（推导过程省略，有兴趣读者可以自己测算），上图法则步骤符合两三位数相乘（23）或三两位数相乘（32）。

例 2　计算 $212 \times 13 = ?$

根据两三位数乘法（23）法则图计算：

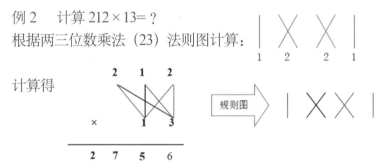

计算得

结果为 2756。

2．三、四位数相乘的法则

三、四位数相乘就是指三位数乘以四位数（简写为 34），不用加"0"方法，直接计算即可，然后我们通过计算过程发现其法则。

例 1　计算 $3013 \times 131 = ?$

计算时，我们仍然按照四位数相乘的方式计算，结果为"0"的步骤则省略不写：

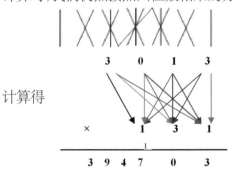

计算得

计算结果为 394703。

计算步骤的线条为：

推论其法则图为：

1　2　　3　　3　　2　1

经过验算（推导过程省略，有兴趣读者可以自己测算），上图法则步骤符合三四位数乘法（34）或四三位数乘法（43）计算。

例2　计算 111×1111=？

根据三、四位数相乘法则图

1　2　　3　　3　　2　1

计算得

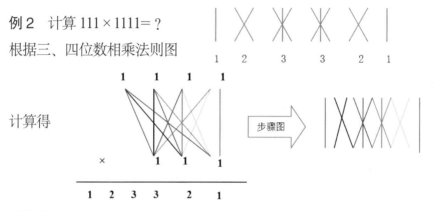

计算结果为 123321。

3. 四、五位数相乘的法则

四、五位数相乘就是指四位数乘以五位数（简写为45），不用加"0"方法，直接计算即可，然后我们通过计算过程发现其法则。

例1　计算 30131×1201=？

计算时，我们仍然按照五位数相乘的方式计算，结果为"0"的步骤则省略不写：

1　2　3　4　5　4　3　2　1

计算得

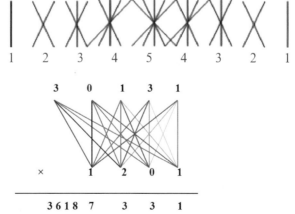

计算结果为 36187331。

计算步骤图为：

推论其法则图为：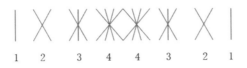

经过验算（推导过程省略，有兴趣读者可以自己测算），上图法则步骤符合四五位数乘法（45）或五四位数乘法（54）计算。

例2 计算 12111×1010＝？

根据四五位乘法（45）法则图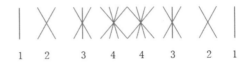

计算得：

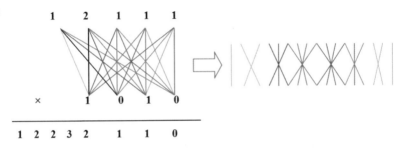

计算结果为 12232110。

4. 五、六位数相乘的法则

五、六位数相乘就是指五位数乘以六位数（简写为56），不用加"0"方法，直接计算即可，然后我们通过计算过程发现其法则。

例1 计算 301031×10201＝？

计算时，我们仍然按照六位数相乘的方式计算，结果为"0"的步骤则省略不写：

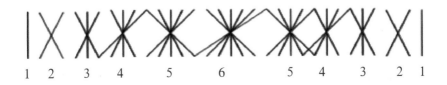

计算得

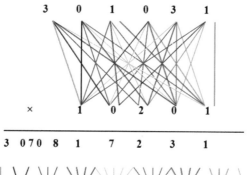

步骤图：

结果为 3070817231。

推论其法则图为：

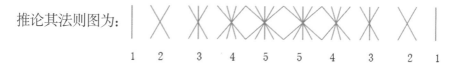

经过验算（推导过程省略，有兴趣读者可以自己测算），上图法则步骤符合五六位数乘法（56）或六五位数乘法（65）计算。

例2 计算 111111×22222=？

根据五六位乘法（56）法则图

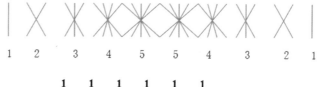

计算得

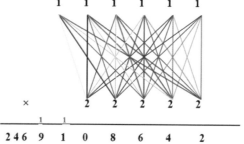

计算结果为 2469108642。

步骤图：

5. 六、七位数相乘的法则

六、七位数相乘就是指六位数乘以七位数（简写为 67），不用加"0"方法，直接计算即可，然后我们通过计算过程发现其法则。

例 1 计算 $3010301 \times 122021 = ?$

本题计算时，我们仍然按照七位数相乘的方式计算，结果为"0"的步骤则省略不写：

计算得

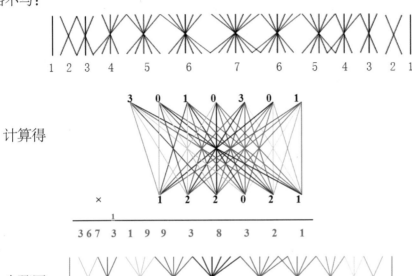

步骤图：

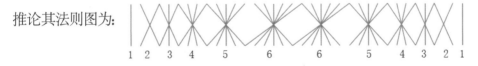

结果为 367319938321。

推论其法则图为：

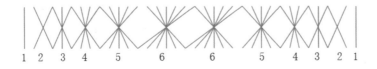

经过验算（推导过程省略，有兴趣读者可以自己测算），上图法则步骤符合六七位数乘法（67）或七六位数乘法（76）计算。

例 2 计算 $111111 \times 1212222 = ?$

根据六、七位数乘法（67）法则图

计算得：134691198642。

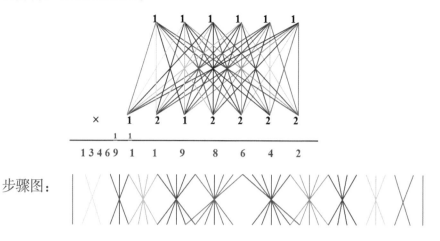

步骤图：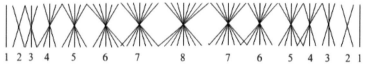

6. 七、八位数相乘的法则

七、八位数相乘就是指七位数乘以八位数（简写为 78），不用加"0"方法，直接计算即可，然后我们通过计算过程发现其法则。

例 1 计算 $20101001 \times 1210121 = ?$

本题计算时，我们仍然按照八位数相乘的方式计算，结果为"0"的步骤则省略不写：

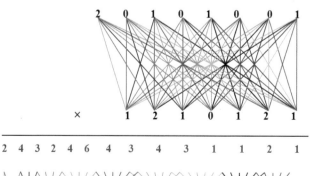

计算如下：

步骤图：

结果为 24324643431121。

推论其法则图为：

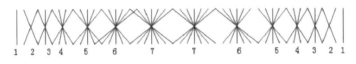

1 2 3 4 5 6 7 7 6 5 4 3 2 1

经过验算（推导过程省略，有兴趣读者可以自己测算），上图法则步骤符合七八位数乘法（78）或八七位数乘法（87）计算。

例2 计算 11111111 × 2020202 = ？

根据七、八位数相乘法则图

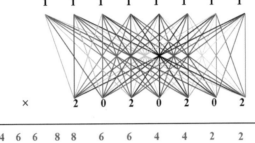

1 2 3 4 5 6 7 7 6 5 4 3 2 1

计算得：

$$\begin{array}{r} 1\ 1\ 1\ 1\ 1\ 1\ 1\ 1 \\ \times\qquad 2\ 0\ 2\ 0\ 2\ 0\ 2 \\ \hline 2\ 2\ 4\ 4\ 6\ 6\ 8\ 8\ 6\ 6\ 4\ 4\ 2\ 2 \end{array}$$

步骤图：

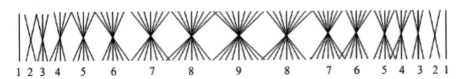

结果为 22446688664422。

7. 八、九位数相乘的法则

八、九位数相乘就是指八位数乘以九位数（简写为89），不用加"0"方法，直接计算即可，然后我们通过计算过程发现其法则。

例1 计算 101010101 × 20202022 =？

本题计算时，我们仍然按照九位数相乘的方式计算，结果为"0"的步骤则省略不写：

1 2 3 4 5 6 7 8 9 8 7 6 5 4 3 2 1

计算如下：

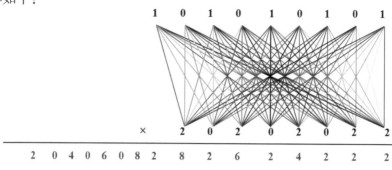

$$× \quad 2 \quad 0 \quad 2 \quad 0 \quad 2 \quad 0 \quad 2 \quad 0 \quad 2$$

$$2 \quad 0 \quad 4 \quad 0 \quad 6 \quad 0 \quad 8 \quad 2 \quad 8 \quad 2 \quad 6 \quad 2 \quad 4 \quad 2 \quad 2 \quad 2$$

步骤图： ……

推论其法则图为：

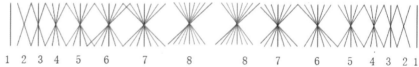

1 2 3 4 5 6 7 8 8 7 6 5 4 3 2 1

经过验算(推导过程省略，有兴趣读者可以自己测算)，上图法则步骤符合八、九位数乘法（89）或九八位数乘法（98）计算。

例2 计算 101010101 × 30303030

根据八、九位数相乘法则图

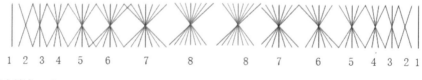

1 2 3 4 5 6 7 8 8 7 6 5 4 3 2 1

计算如下：

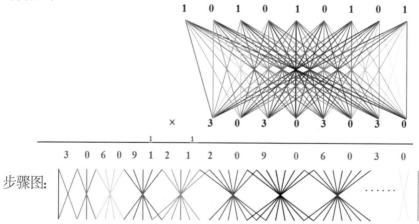

$$× \quad 3 \quad 0 \quad 3 \quad 0 \quad 3 \quad 0 \quad 3 \quad 0$$

$$3 \quad 0 \quad 6 \quad 0 \quad 9 \quad 1 2 \quad 1 2 \quad 1 2 \quad 0 \quad 9 \quad 0 \quad 6 \quad 0 \quad 3 \quad 0$$

步骤图：

结果为 3060912120906030。

8. 总结

上面系统演示了相邻的两三位数到八九位数的乘法过程，可以发现，每个相邻的数字，其最大的步骤是最小位数的数值。

如两、三位数相乘（23），则其最多步骤为 2；而六、七位数相乘（67），其最多步骤为 6；八、九位数相乘（89），其最多步骤为 8。

如此推导，则 n 位数与 n+1 位数相乘（假设 n 是大于 9 的整数），则其最多步骤为 N。

以此类推，得到以下规律图表：

表 15-4　一二至 n(n+1) 位数相乘的法则计算步骤表

相乘位数	规则符号
一二位数（12）	1 1
两三位数（23）	1 2 2 1
三四位数（34）	1 2 3 3 2 1
四五位数（45）	1 2 3 4 4 3 2 1
五六位数（56）	1 2 3 4 5 5 4 3 2 1
六七位数（67）	1 2 3 4 5 6 6 5 4 3 2 1
七八位数（78）	1 2 3 4 5 6 7 7 6 5 4 3 2 1
八九位数（89）	1 2 3 4 5 6 7 8 8 7 6 5 4 3 2 1
n（n+1）位数 n（n+1）	1 2 3 4 5 6 7 8 9 … n-1　n n　n-1 … 9 8 7 6 5 4 3 2 1

注 ：为了研究方便，把一二位数相乘也计入表中。

同理，推导得其规则符号为：

表 15-5　一二至 n(n+1) 位数相乘的法则计算步骤表

相乘位数	规则符号
一二位（12）	
两三位（23）	
三四位（34）	
四五位（45）	
五六位（56）	
六七位（67）	
七八位（78）	
八九位（89）	
n(n+1)位 n(n+1)	

总 复 习

注：本书若无特别说明，乘法运算一律使用第二种乘法（蝴蝶乘法）法则。

1. 计算两位数相乘算式。

（1）　　1　　2

　　　　× 2　　1
　　　　_____

（2）　　8　　1

　　　　× 2　　1
　　　　_____

（3）　　2　　3

　　　　× 4　　1
　　　　_____

（4）　　5　　1

　　　　× 7　　2
　　　　_____

（5）　　3　　3

　　　　× 2　　2
　　　　_____

（6）　　1　　6

　　　　× 1　　2
　　　　_____

2. 计算三位数相乘算式。

（1）　　1　　0　　2

　　　　× 2　　0　　1
　　　　_____

（2）　　3　　0　　1

　　　　× 6　　1　　2
　　　　_____

（3）　3　1　3

　　　× 1　0　1
　　————————————

（4）　5　4　3

　　　× 2　1　0
　　————————————

3. 计算四位数相乘算式。

（1）　3　0　1　0

　　　× 1　2　1　0
　　——————————————

（2）　1　2　3　4

　　　× 4　3　2　1
　　——————————————

（3）　4　0　5　0

　　　× 6　0　4　1
　　——————————————

（4）　2　0　0　1

　　　× 8　0　0　9
　　——————————————

（5）　1　2　1　1

　　　× 1　2　2　1
　　——————————————

（6）　2　2　2　2

　　　× 3　3　3　3
　　——————————————

4. 计算五位数相乘算式。

（1）　4　0　5　0　1

　　　× 6　0　4　1　0
　　————————————————————

（2）　1　2　5　0　1

　　　× 2　1　4　1　0
　　————————————————————

（3）　1　2　3　4　5

　　　× 1　1　1　1　1
　　————————————————————

（4）　1　2　3　4　5

　　　× 5　4　3　2　1
　　————————————————————

5. 计算六位数相乘算式。

   （1）   1   2   3   4   5   6

                  ×   1   1   1   1   1   1

   （2）   3   0   3   1   5   1

                  ×   9   0   1   2   0   1

   （3）   1   0   1   0   1   0

                  ×   9   0   9   0   9   0

   （4）   1   0   1   0   1   0

                  ×   2   0   2   0   2   0

6. 计算七位数相乘算式。

   （1）   1   0   1   0   1   0   1

                  ×   2   0   2   0   2   0   2

（2）　　　　　1　1　1　1　1　1　1

　　　　　×　6　6　6　6　6　6　6
_____

（3）　　　　　1　2　3　4　5　6　7

　　　　　×　7　6　5　4　3　2　1
_____

（4）　　　　　2　2　2　2　2　2　2

　　　　　×　3　3　3　3　3　3　3
_____

7. 计算八位数相乘算式。

（1）　　　　　1　2　2　2　2　2　2　2

　　　　　×　3　3　3　3　3　3　3　1
_____

（2）　　　　　1　2　1　2　1　2　1　2

　　　　　×　3　0　3　0　3　0　3　0
_____

（3）　　　　　　1　1　1　1　1　1　1　1

　　　　　　　　×　8　8　8　8　8　8　8　8
　　　　　　　　_____

（4）　　　　　　1　1　1　1　1　1　1　1

　　　　　　　　×　8　8　8　8　8　8　8　8
　　　　　　　　_____

8. 计算九位数相乘算式。

（1）　　　　　1　1　1　1　1　1　1　1　1

　　　　　　　×　2　2　2　2　2　2　2　2　2
　　　　　　　_____

（2）　　　　　3　0　3　0　3　0　3　0　3

　　　　　　　×　5　0　5　0　5　0　5　0　5
　　　　　　　_____

(3)

$$
\begin{array}{r}
1 \quad 3 \quad 1 \quad 5 \quad 1 \quad 6 \quad 1 \quad 8 \quad 1 \\
\times \quad 2 \quad 3 \quad 2 \quad 3 \quad 2 \quad 4 \quad 2 \quad 3 \quad 2 \\
\hline
\end{array}
$$

(4)

$$
\begin{array}{r}
9 \quad 8 \quad 7 \quad 6 \quad 5 \quad 4 \quad 3 \quad 2 \quad 1 \\
\times \quad 1 \quad 2 \quad 3 \quad 4 \quad 5 \quad 6 \quad 7 \quad 8 \quad 9 \\
\hline
\end{array}
$$

9. 自行列出行式来计算下列各算式的结果。

(1) 12×34=   (2) 57×24=   (3) 98×21=

(4) 16×14=   (5) 23×314=   (6) 154×21=

(7) 26×10234=   (8) 314×134=

(9) 420×104=   (10) 901×305=   (11) 151×214=

(12) 312×434=

(12) 1000899×34=   (13) 9418012×121=   (14) 48575×634=

(15) 1234×3004=   (16) 9878×1134=   (17) 984654×1100=

(18) 2456×9714=   (19) 3047×6791=   (20) 15647×14001=

(21) 99999×11011=   (22) 65788×16791=   (23) 11110×10001=

(24) 35452×10006791= (25) 132458×107001= (26) 201333×10091=

(27) 1024554×1770001=   (28) 1001222×2116701=

(29) 3100101×2005751=

(30) 10245450×10106701=   (31) 13547781×13010701=

(32) 35478780×787406701=   (33) 120111000×210000001=

(34) 197001000×102016701= (35) 187001010×210131010=

(36) 101010101×999999999=

后 记

本书研究和写作时间长达 15 年之久，从最初的发现和系统研究，花费了大约 4 年时间，之后就是完善各类计算的规则和图形，断断续续就过去了 15 年时间了。尽管本书部分章节公布于众，有的速算书籍还未经本人同意收录其中，但是他们对于其他的位数相乘是不知道的，本着发现是自然的一部分，为众人分享的理念，欢迎大家分享使用。

中间过程还委托广西大学研究创造学的甘自恒教授予以审核，甘教授热心扶助后进者的心意令我感动不已。他亲自把我的研究成果送到数学专家手上鉴定，并得到了充分的肯定，对于我来说，这是非常开心的事情。经过了数学专家的肯定，我本人再次进行了一些原理的描述和完善。

在出版本书之前，甘自恒教授又亲自帮助校阅本书，为本书隆重润笔写序，内心十分感激，难以用言语表达。

而关于本书的成书，却一直因为各类因素及个人能力问题，一直无法按时完成。因为如何表达和描述这些演算过程，是十分庞大的工作，因自己能力有限，此书只能一拖再拖。直到今天，通过积累的方式，一天写一点，最终写完全稿。个人最大的感触是，这本书真的不是那么容易写成的！只能多花时间，不管多辛苦也要硬着头皮撑下去。

而在写书的过程中，也有不少同学和老师参与学习了第二种乘法，大家对这个乘法充满兴趣，很喜欢用来计算和娱乐，使我感受到乘法应用过程的美好和乐趣，这也是支撑我写出本书的动力之一。

在验算大数据计算的结果方面，我的学生陈宏同学予以了大力支持，使工作得到完善，在此一并感谢。

如何验算大数据计算的结果方面，我的学生陈宏同学予以了大力支持，使工作得到完善，在此一并感谢。

毕竟笔者非接受过专业数学训练，本书自然会存在各种不足，恳请读者朋友予以赐教指正。

本书编排设计，工作繁重之至，极耗心力，感谢出版社的编辑同志辛勤的付出！没有你们的大力编排，就无法有此书的完善呈现！

此书的完成也得益于我的家人的大力支持，没有她们的支持和协助，就不会如此顺利完成。这是我非常幸福、十分快乐的地方。

谨以此书献给我的孩子们！愿爸爸在书中的祝福一直陪伴着你们健康成长！

黎黍匀

2016 年 4 月 24 日于乡村小屋

参考文献

[1] 甘自恒. 创造学原理和方法——广义创造学 [M]. 北京: 科学出版社, 2003.

[2] 小学数学课程教材研发中心等编著. 数学 (四年级上、下册) [M]. 北京: 人民教育出版社, 2013.

[3] 托尼. 巴赞 (英) 著, 李斯译. 思维导图 [M]. 北京: 作家出版社, 1998.

© 黎黍匀 2019

图书在版编目（CIP）数据

世界上第二种乘法／黎黍匀著. -- 沈阳：万卷出
版公司，2019.5
ISBN 978-7-5470-5138-2

Ⅰ．①世… Ⅱ．①黎… Ⅲ．①乘法-普及读物 Ⅳ.
①O121.1-49

中国版本图书馆 CIP 数据核字（2019）第 054696 号

出 品 人：刘一秀
出版发行：北方联合出版传媒（集团）股份有限公司
　　　　　万卷出版公司
　　　　　（地址：沈阳市和平区十一纬路 25 号　邮编：110003）
印 刷 者：北京长宁印刷有限公司
经 销 者：全国新华书店
幅面尺寸：170mm×240mm
字　　数：200 千字
印　　张：10.75
出版时间：2019 年 5 月第 1 版
印刷时间：2019 年 5 月第 1 次印刷
责任编辑：张冬梅
封面设计：黎黍匀
版式设计：东方朝阳
责任校对：张希茹
ISBN 978-7-5470-5138-2
定　　价：58.00 元

联系电话：024-23284090
邮购热线：024-23284050
传　　真：024-23284521